U0171959

无与伦比的
地球

[英]凯莉·奥尔德肖 著

[英]丹尼尔·朗 [英]安吉拉·里扎 绘

董汉文 译

中信出版集团 | 北京

序

　　地球一直处于变化当中，时而温暖宜人、阳光明媚，时而寒冷潮湿、狂风暴雨。不断变化的天气影响和改造着地球表面。渐渐地，地表岩石被风化和侵蚀，地貌也发生了变化，甚至在地表也能够看到地球内部活动的一角，如地震和火山。在数百万年的地质历史长河里，山脉隆起，而后又被夷平，如此循环往复。

　　此刻，一片树叶从树上落入湖中，一粒沙子掠过沙漠，一滴富含矿物质的水滴入一个石灰岩洞穴中……这些看似微不足道的现象，几百万年过后，也许会引起巨大的变化。作为一名地质学家，研究地球的运行方式，就像侦探破案。其实，你也可以做到。简单来说，就是通过了解现今地球的现状与运行规律，来弄清楚地球过去的情况，以及预测地球的未来。

Cally Oldershaw

凯莉·奥尔德肖

目 录

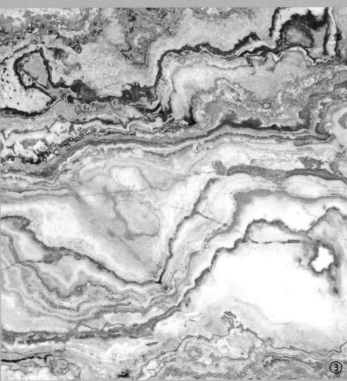

地球

我们居住在一颗十分特殊的行星上，它同太阳系中其他行星一起，围绕着太阳运转。地球形成于约45亿年前，是离太阳第三近的行星。我们的星球上有水，也有生命。与太阳系内其他行星不同，发育活跃的板块构造，再加上地表的风化作用，使地球不断经受内外动力的改造，也正因如此，地球的海陆格局并不是一成不变的。

一些山脉会因遭受风化和侵蚀而变为平地，但在陆壳相互挤压的地方又会隆升起新的山脉。还有的地方，陆壳开裂并移动，形成新的大洋，或喷出岩浆。地球深部的热量为人类提供了地热能，它可以用来发电，而且是可再生能源。在地球内部高压的作用下，同样的温度可以使得岩石发生相变。地球上的自然宝藏就这样形成了，包括宝石矿物和贵金属矿物等。

地球是目前已知在太阳系中唯一一颗
表面有水支持生命生存的星球。

①苏格兰芬格尔洞穴；
②晶洞中心的蓝色和白色晶体；
③意大利的纹理大理岩；
④包裹在围岩中的一颗赫基默钻。

地球的分层

大约在 45 亿年前，地球诞生了。它本是一颗由熔融岩浆组成的行星，冷却之后变成了现在的样子，其中较重的元素慢慢向地球中心下沉，形成了现在的地核。而其他较轻的元素下沉幅度并不大，至今仍留在表面，它们形成了地球的地幔和地壳。

陆地

陆地是地球表面没有被海水覆盖的部分，由岩石、土壤和植被所覆盖。

大洲　世界的七大洲分别是亚洲、非洲、北美洲、南美洲、南极洲、欧洲和大洋洲。

海洋

地球 70% 以上的表面被淡水或咸水覆盖，全世界海洋中的水都是咸的。

地幔

地幔是介于地核和地壳之间的部分。它主要是由富含铁和镁的岩石构成，厚度接近 3000 千米。

大陆地壳

大陆由大陆地壳构成。大陆地壳厚约 35 千米，比大洋地壳要厚得多。

内核

你需要从地面向下钻探大约 5100 千米才能到达内核，它是一个由金属铁和镍组成的固体球。

外核

液态的外核包裹着内核。外核主要由液态铁、镍和氧组成。

炽热的岩石 地球中心的温度最高可以达到大约 5200 摄氏度。

大洋地壳

大洋地壳可要比大陆地壳薄得多，它的厚度大多在 7 千米。而在大洋之下，最古老的大洋地壳有着将近 2 亿年的历史。

地核

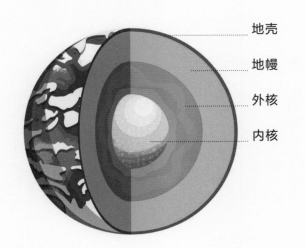

地壳
地幔
外核
内核

地核的温度达到了
大约 5200 摄氏度，
已经快和太阳表面一样热了。

如果 你把地球想象成一个苹果，那么地壳就如同苹果皮一般。同苹果核一样，地球的中心也有一个核，不同的是地球没有果柄。我们知道，地核由两部分组成：炽热的固体内核和环绕其外的厚层液态外核。内核直径约 2500 千米，由镍和铁两种金属组成，而外核主要由液态铁、镍和氧组成。

要到达外核的边缘，你需要挖掘大约 3000 千米深。迄今为止，人类仅向地表以下钻探了大约 12 千米，所以我们的探索之路还很长。

地核主要由金属镍和铁构成，
和与地球同时形成的陨星成分类似。

金伯利岩是一种来自地幔的火山岩，
图中的金刚石晶体在金伯利岩形成时被带至地表。

地幔

海洋 .....
地壳
莫霍面

地幔

外核

内核

在地核和地壳之间的部分就是地幔，它厚约 3000 千米。暗色地幔岩石中含有大量镁铁质岩，有些含有绿色的橄榄石和辉石，甚至还有金刚石或红色的石榴石。

地幔和地壳之间的边界被称为莫霍面，是以研究者——克罗地亚科学家安德烈亚·莫霍洛维契奇的名字命名的。实际上，莫霍洛维契奇并没有亲眼看到该边界，但他知道边界就在那里。这是因为他在研究地震时注意到，地震波的传播速度在一定深度时突然发生了变化，他意识到这一定是地震波经过不同物质的结果。

金刚石形成于地球表面以下 160 千米左右的地方。

花岗岩的分布面积占大陆地壳的 80%。

岩石地壳

在智利巴塔哥尼亚地区，有一条高耸入云的山脉——托雷斯－德尔帕恩山脉，意为"蓝色高塔"。事实上，该山脉因地壳运动的作用而形成于地下。1200 万年前，岩浆穿过地层一直向上奔涌。然而，它们并没有像火山岩浆那样喷出地表，而是在到达地表之前就已冷却，从而形成了花岗岩的圆顶。在大约 1.4 万年前的末次冰期，冰雪覆盖大地，随着冰雪的融化，花岗岩顶部的地表松软沉积物被冰川带走，从而暴露于地表，后来花岗岩也逐渐被剥蚀，最后形成了如今我们所看到这些独特的"蓝色高塔"。

大陆地壳

地幔

大洋地壳

当潮湿的大洋地壳物质进入地幔，在高温环境下它们会被熔融形成岩浆。炽热的岩浆穿过大陆地壳向上运动，在那里可能会发生火山喷发，也可能冷却后形成像托雷斯-德尔帕恩这样的山脉。

托雷斯－德尔帕恩山脉（Torres del Paine）的三座花岗岩塔中最高的一座有大约 2500 米。在西班牙语中，torres 意为"塔"，而 paine 与巴塔哥尼亚当地语言中的"蓝色"发音相同。

大约 4 万根玄武岩柱组成了一条"巨人之路"。

巨人之路

"巨人之路"由洋中脊的
火山熔岩形成。

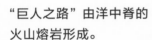

洋中脊

大洋地壳

北爱尔兰的"巨人之路"
有高达 12 米左右的柱子。

在"巨人之路"的传说中，为迎接苏格兰巨人贝南登纳的挑战，爱尔兰巨人芬恩·麦库尔修建了一条从北爱尔兰通往苏格兰的海上通道。贝南登纳输掉了，他跑回了苏格兰，并毁掉了这条通道的一部分。

这个非同寻常之地的实际由来与传说截然不同，但同样令人惊叹。构成道路的玄武岩柱由大约 5000 万至 6000 万年前从大洋地壳中喷发出来的炽热的岩浆形成，这些熔岩铺成了一个平坦的高原。岩浆冷却后收缩开裂，形成了成千上万根六棱形岩柱。

陨星坑

每年都有成千上万的陨星撞向地球，
但它们大多数掉进海洋里，
无法找到。

大约 5 万年前，一大块陨星碎片撞击地球
形成了这个规模巨大的陨星坑，直径约 1200 米，深约 170 米。

　　流星体通常是岩石颗粒和太空碎片，在夜空中划过会产生耀眼的光亮。它们在穿越地球大气时大部分已燃烧殆尽，能落在地球上的就会被称为陨星。目睹"陨星坠落"的情况很少发生，有目击记录的陨星坠落仅有大约 1500 次。如果陨星在坠落后被发现，这属于"目击陨星"。迄今为止，被发现的陨星大约有 66000 块，还有大量的陨星等待"陨星猎人"去发现。

　　如果陨星足够大、速度足够快，在坠落到地球表面时就会形成一个陨星坑。最大的陨星坑之一是美国亚利桑那州的巴林杰陨星坑，以地质学家丹尼尔·巴林杰的名字命名，正是他首次提出陨星撞击是陨星坑成因。

冷却

岩浆可能在地下冷却，也可能从火山喷发出来。当熔岩流冷却变硬，即由熔融态转变为固态后，就是火成岩了。

风化作用

地表的岩石在水、冰和风等外力作用下发生破碎或分解的现象。

千变万化的岩石　火成岩被外力分解，于是岩石的循环开始了。

喷出岩　岩浆从火山喷出地表冷凝形成的岩石，即为喷出岩。

侵入岩　岩浆在地壳内冷凝形成的岩石，即为侵入岩。

变质作用　由火成岩、沉积岩等发生变化形成新的岩石的过程。

岩浆作用

地球深部的温度非常高，可将岩石熔融形成岩浆。在一些地方，如地裂缝或火山，岩浆可从深部上升至地表浅部，甚至喷出地表。

变质岩　岩石受温度、压力或两者共同影响，发生结构、构造等变化形成的新的岩石。

岩石循环

地球上不断地有新的岩石形成，与此同时也有岩石不断地回到地球内部，其间岩石的颜色、形状和结构在发生变化，这个过程即为岩石循环。地质学家根据成因将岩石分为三大类：火成岩、沉积岩和变质岩。它们会在岩石循环的不同阶段出现。

侵蚀作用

岩石和岩石碎片被进一步分解，并顺着山势向海洋移动。

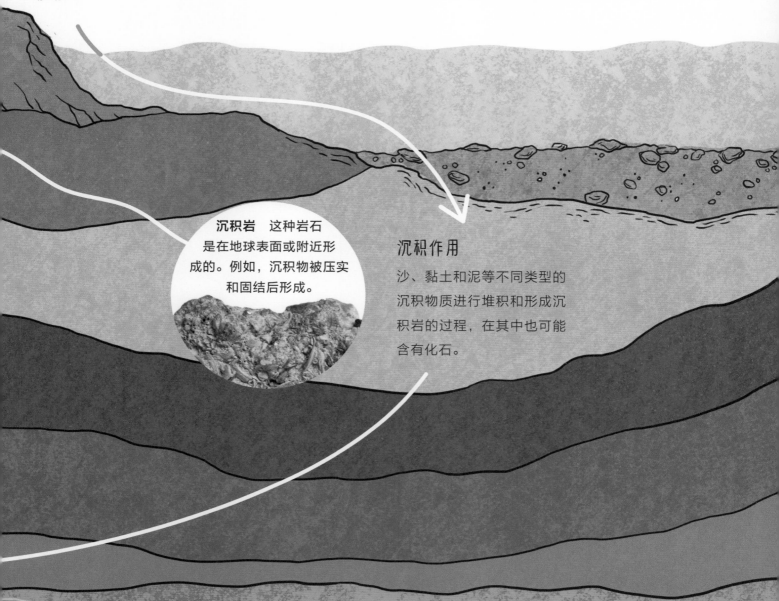

沉积岩　这种岩石是在地球表面或附近形成的。例如，沉积物被压实和固结后形成。

沉积作用

沙、黏土和泥等不同类型的沉积物质进行堆积和形成沉积岩的过程，在其中也可能含有化石。

魔鬼塔是美洲原住民的圣地，
他们称之为"熊的帐篷"。

魔鬼塔

在美国怀俄明州的黑山上，有一处非常独特的地质景观，当地原住民将其称为魔鬼塔。它的主体是火成岩，形成于大约 4000 万年前，是岩浆冷却后形成的坚硬岩石。最初，岩石深埋于地下，经过数百万年，周围较软的沉积岩层被侵蚀殆尽，留下了裸露的坚硬火成岩。仔细观察图片，可以看到岩石上有成百上千条平行裂缝。这些裂缝将魔鬼塔分割成无数条巨大的六棱形岩柱，这让它成为北美洲最受欢迎的攀岩胜地之一。

魔鬼塔是由喷出岩构成的，下面是另外三种火成岩：

花岗岩　　　　浮石　　　　黑曜石

魔鬼塔位于美国怀俄明州西北部，高约 264 米，顶部平坦，面积相当于一个足球场。

彩虹石

在 中国西北部，有一座色彩斑斓的山脉，被称为"中国彩虹山"。其主体由一层一层的砂岩组成，有红色、橙色、黄色、蓝色和紫色等多种颜色。每一层砂岩都是由沙、泥和黏土混合而成，这些物质都是沉积物，这也是为什么由它们构成的这些层状岩石被称为沉积岩。

当沉积物被风、水和冰携带至干燥的陆地或河流、湖泊和海洋里，沉积层逐渐堆积、压实，最终形成沉积岩。彩虹山就是这样形成的，经过数百万年的风化，岩石中的矿物颜色发生了变化，画家调色板上的天然颜料就来自这些矿物质。

沉积岩可以由沉积在河床上的沉积物形成。

随着时间的推移，越来越多的沉积物沉淀下来，岩层形成。

随着岩层的形成，岩石被压下并压实。

中国西北部张掖世界地质公园里的"彩虹山"，颜色与含铁矿物和其他矿物质有关。

化石

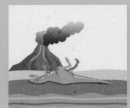

动物死后，尸体会逐渐腐烂。

骨骼被埋在土壤下面。

动物骨骼被岩石矿物取代。

许多年后，化石被挖掘出来。

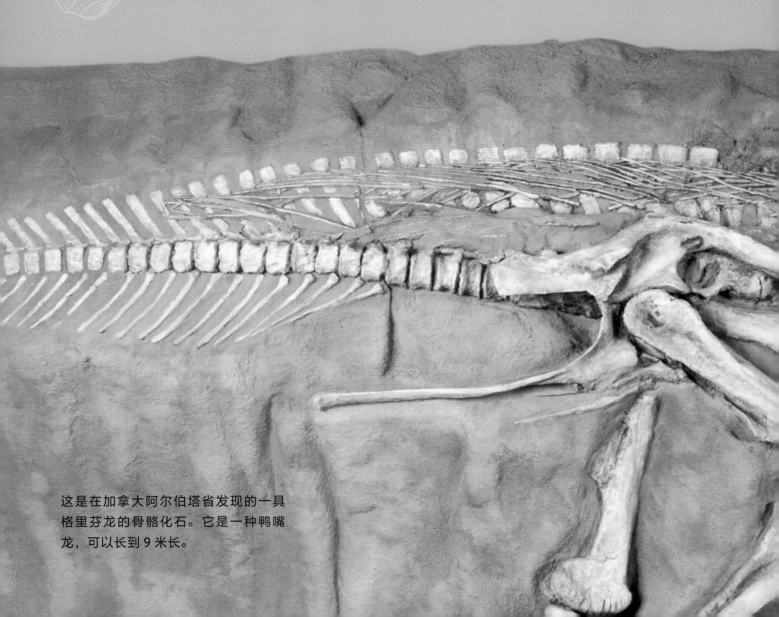

这是在加拿大阿尔伯塔省发现的一具格里芬龙的骨骼化石。它是一种鸭嘴龙，可以长到9米长。

"化石" 一词来自拉丁语，意思是"掘出物"。

化石是古生物埋藏在地下的古老遗迹。例如，动物尸体中的坚硬部分被矿物质取代并成岩，形成了化石。大多数化石都有数百万年以上的历史，保存在沉积岩里。

这具化石是格里芬龙的骨骼形成的。研究化石的古生物学家将它们拼在一起，这样人们才看到了格里芬龙的完整面貌，并从中获取了大量信息，例如，格里芬龙的尾巴是直的，而且距离地面很高。

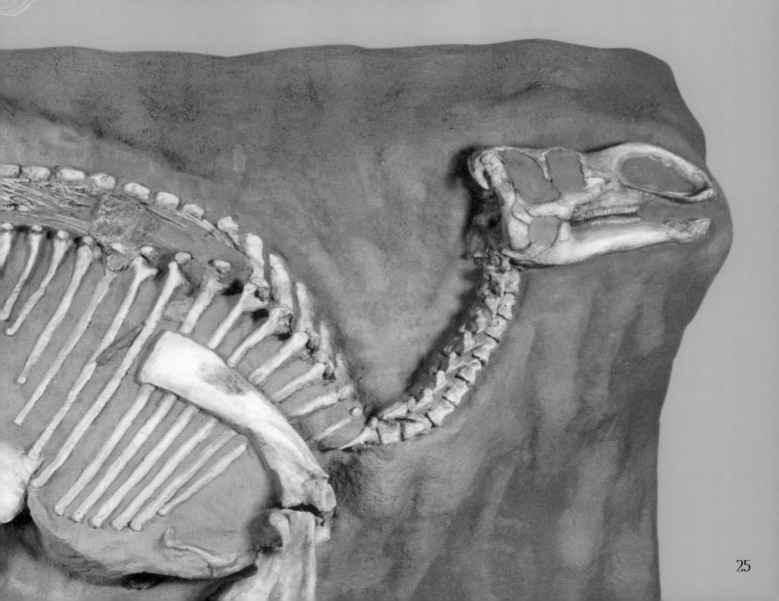

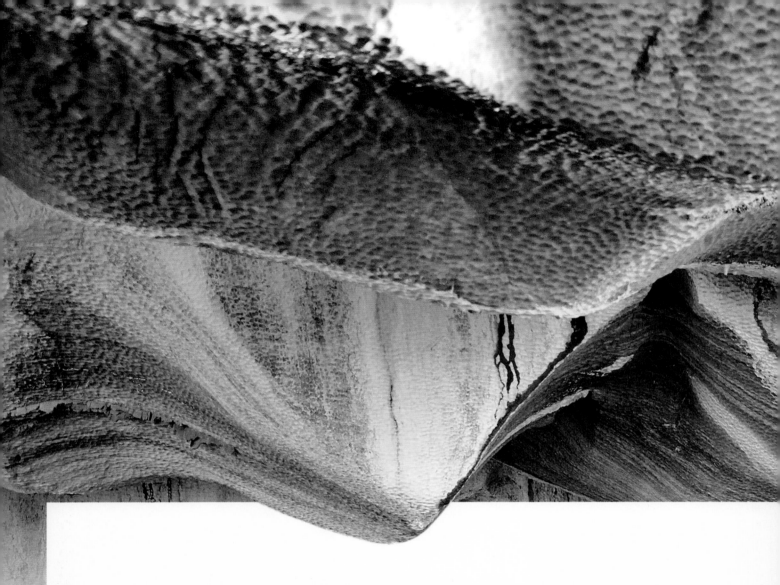

"大理岩"这个词来自古希腊语，意思是"闪亮的石头"。

大理岩

许多类型的变质岩都有条纹图案，因为它们在地下被拉伸和挤压。

混合岩

片岩

矽卡岩

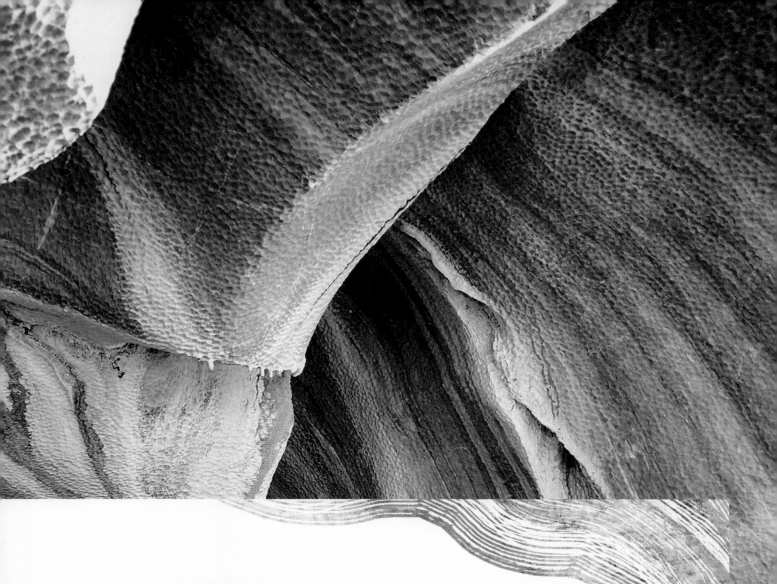

令人着迷的智利大理岩洞穴坐落于卡雷拉将军湖畔。数千年来，在风和水的作用下岩石被"重塑"，形成了像迷宫一样令人叹为观止的洞穴、隧道和石柱。

类似大理岩这样的岩石，因在地下受温度或压力作用而发生变质形成，属于变质岩。大理岩是由石灰岩经变质作用而成的，岩石中不同颜色的矿物往往会在大理岩上形成千姿百态的条纹。也因此，大理岩的自然之美深受世界各地艺术家和建筑师的喜爱。

图中大理岩之所以呈现蓝色，是因为它映着波光粼粼的绿松石色湖水。

这些银色的"卷发"来自德国的矿石山脉。

金属

数千年来，人们在地表岩层中发现金、银、铜等各种金属并进行开采。金属往往以小颗粒的形式发现于岩石中，这些岩石也被称为矿石。大多时候，为了使金属更加坚固，它们会被加热熔化并混合在一起制成合金。最早制造的合金之一是青铜，它是铜和锡的混合物。

这些闪闪发光的金属可制成餐具等生活用品，也可以制成精美的首饰。银的质地较软，因此通常与铜混合制成合金，以便增加硬度。金因其不易褪色、拥有柔和的黄色光泽备受人们的青睐。

这块金子发现于澳大利亚昆士兰州。

人们可以在一些河沙里淘洗出细粒的金子。办法很简单，在水中转动平底器皿，清掉较轻的砾石，金子就会留在下面。

这块铜来自美国密歇根州。

铜是人类使用的最古老的金属之一，它的使用历史可以追溯到约1万年前。

碳循环

碳是地球生命的核心，它无处不在。它存在于我们体内，也存在于其他所有生物体内，还存在于一些非生物中，例如化石燃料（煤炭、石油和天然气）和某些岩石。碳元素在地球上的循环过程即为碳循环。

雨水将碳从大气中转移至岩石当中。

吸收

树和其他植物通过光合作用吸收大气中的二氧化碳，有助于降低空气中的二氧化碳含量。

死亡的动植物腐烂时释放出二氧化碳。

储存

经过数百万年，含碳的动植物尸体被埋入地下，变成化石燃料，如煤炭、石油和天然气。

地球上大部分碳都储存在主要化学成分为碳酸钙的岩石中，如石灰岩。

碳酸钙也存在于珊瑚中，比如鹿角珊瑚。一些贝壳中也有。

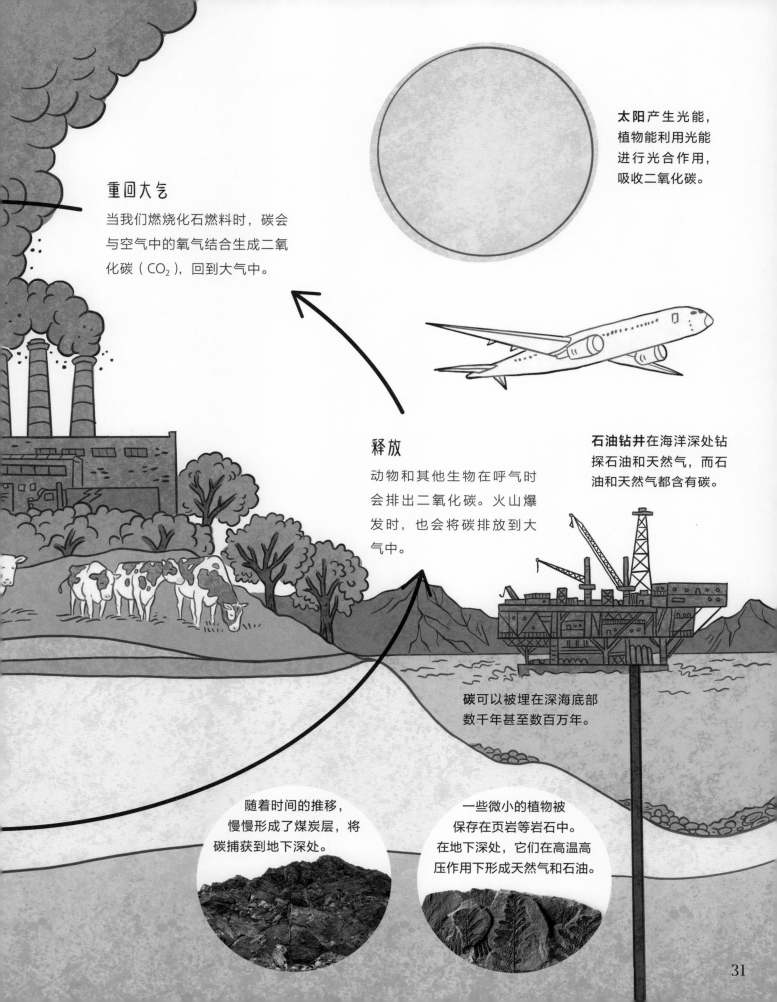

太阳产生光能，植物能利用光能进行光合作用，吸收二氧化碳。

重回大气

当我们燃烧化石燃料时，碳会与空气中的氧气结合生成二氧化碳（CO_2），回到大气中。

释放

动物和其他生物在呼气时会排出二氧化碳。火山爆发时，也会将碳排放到大气中。

石油钻井在海洋深处钻探石油和天然气，而石油和天然气都含有碳。

碳可以被埋在深海底部数千年甚至数百万年。

随着时间的推移，慢慢形成了煤炭层，将碳捕获到地下深处。

一些微小的植物被保存在页岩等岩石中。在地下深处，它们在高温高压作用下形成天然气和石油。

31

这块深紫色的紫水晶产自乌拉圭。

许多紫水晶在数百万年前形成于火山岩中。

紫水晶

一些火成岩中有气泡或充满蒸汽的孔洞，这里面含有的一些物质会形成晶体，紫水晶就是这样形成的，气泡则变成了晶洞。

如果你观察一块水晶，比如这块紫水晶，可能会感受到大自然正在向你展示它最美、最绚丽的一面。水晶是一种晶体表面平而直的规则矿物。

紫水晶属于石英矿物家族，这个家族还包括黄色的黄水晶、灰色的烟晶和粉色的玫瑰水晶。紫水晶可以生长在"气泡"中，它们是岩浆冷凝过程中气体挥发形成的空洞。水晶晶体会从"气泡"边缘向中间逐层生长，它们生长缓慢，可能需要数千年甚至数百万年的时间。

金刚石

　　金刚石美丽而珍贵，看似像玻璃一样容易破碎，实际上却是世界上最坚硬的天然矿物。"金刚石"意为"坚不可摧"，事实证明，要摧毁一块金刚石几乎是不可能的。

　　在矿物莫氏硬度标尺上，金刚石的硬度为 10。这意味着除了另一块金刚石之外，其他任何矿物都无法划动金刚石，而金刚石却可以轻易在其他矿物上留下划痕。祖母绿（莫氏硬度为 7.5~8）、红宝石和蓝宝石（莫氏硬度为 9）等矿物也毫不例外。钻石切割师会切割金刚石的平面（称为刻面），并对金刚石进行抛光，制成美丽的钻石。每个刻面的大小和形状都经过精心设计，经过抛光等加工程序使钻石闪闪发光。

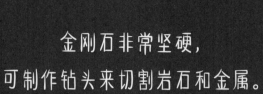
金刚石非常坚硬，
可制作钻头来切割岩石和金属。

祖母绿

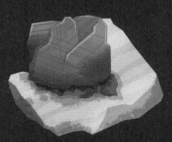
红宝石

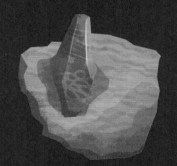
蓝宝石

切割后的钻石

陆地

我们人类只是在陆地浅表层上行走、居住，看不到地下深部正在进行的许多地质活动，不过我们可以通过观察地表的变化来推断。在那里，熔融的岩浆持续移动，而且可能会以火山喷发的形式喷出地表。火山熔岩如果流入海洋，可能会产生新的小岛，改变海岸和陆地原本的形状。地震导致地表产生位移和破裂，从而毁坏建筑物、道路和桥梁，甚至引发山体滑坡和雪崩等地质灾害。地下水如果被炽热的岩石或岩浆加热，热水和蒸汽会以间歇泉或温泉的形式涌出地面。土地被风、水和冰风化和侵蚀，形成奇特的岩石。海岸线上，陡崖不断遭受海水的侵蚀，形状也不断发生变化。

2015 年的一场大地震可能导致珠穆朗玛峰的高度产生了变化。

①美国加利福尼亚州的圣安德烈亚斯断层；
②美国夏威夷基拉韦厄火山的喷发；
③英国威尔士被风暴袭击的灯塔；
④澳大利亚塔斯马尼亚的彩绘悬崖。

地球的七大板块是北美板块、太平洋板块、南美板块、非洲板块、欧亚板块、印澳板块（单独显示）和南极板块。

胡安德富卡板块

所有的板块都在边界处相交。

北美板块

太平洋板块

科科斯板块

加勒比板块

地球板块

板块是地球外壳的拼图，它们不断移动，不停地改造地球表面的形貌特征。科学家通过研究板块的活动来了解大陆、海洋、山脉、火山和地球其他构造单元的形成过程。

在南美板块下移动的旧大洋地壳形成了安第斯山脉。

纳斯卡板块

南美板块

斯科舍板块

时间轴

我们今天看到的大陆并不代表它过去或未来的位置。板块一直在移动，每年移动2~15厘米不等。它们之间的相对移动速度不完全相同。

2.25 亿年前

泛大陆开始裂解。

2 亿年前

劳亚古陆

冈瓦纳古陆

两个古大陆（劳亚古陆和冈瓦纳古陆）形成了，板块也开始分裂。

欧亚板块构成了欧洲和亚洲大陆的大部分，但不是全部。

北美板块

欧亚板块

最大的板块是太平洋板块，在太平洋的下面。

阿拉伯板块

印度板块

菲律宾海板块

太平洋板块

非洲板块

印澳板块实际上是由两个独立的板块组成的。

澳大利亚板块

南美洲和非洲看起来就像拼图一样可以拼在一起。

南极板块

6500 万年前	现今	5000 万年后
尽管各大板块仍在持续运动，但海陆格局基本形成.	各大板块的位置与 2000 万年前大致相同。	随着非洲向北移动，地中海将会闭合。

板块边界

冰岛又被称为"冰与火之岛",它拥有壮丽的自然美景:冰川、活火山、天然温泉、瀑布和峡谷等。这座岛屿之所以有这么多的奇特景观,完全得益于它处于地球上的一个特殊位置。

冰岛位于大西洋中部,夹在北美板块和欧亚板块之间。两大板块之间是大西洋中脊,它是洋中脊的一部分,横贯大西洋中部,形成了世界上最长的山脉。洋中脊大部分在水下,有些露出水面变成陆地。这是因为数百万年前,海底火山爆发,导致炽热岩浆上升、扩张,从而形成了一些岛,如冰岛。

现在,这两个板块正以每年约 2.5 厘米的速度分开。

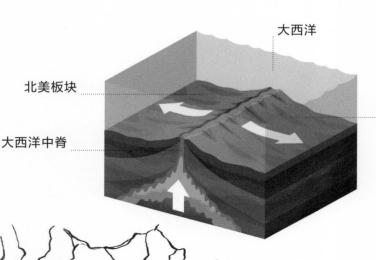

如今,冰岛阿尔马纳贾裂谷沿线两个板块之间的空间部分被水覆盖。

圣安德烈亚斯断层是地球两大板块之间的分界线，
曾在美国引发巨大地震。

断层线

太平洋板块和北美板块
沿着加利福尼亚的板块
边界相互滑动。

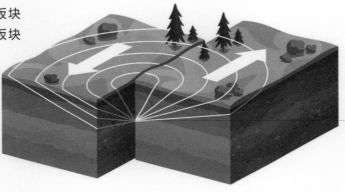

数百万年来，板块
运动引起了频繁的
地震，有的地震甚
至很强烈。

世界上每年发生大约 50 万次地震，但大多数地震或因发生在地球深部，或因震动不剧烈，我们并未察觉到。地震大多发生在两个板块相互移动的边界或断裂带上。若板块边界相互挤压，会产生压力，待积累到一定程度，会使板块震动，从而引发剧烈地震。

从太空中可以看到，美国加利福尼亚州的圣安德烈亚斯断层仿佛陆地上的一道疤痕，该断层从地表一直延伸到深部。1906 年，这条断层引发了大地震，摧毁了圣弗朗西斯科，造成 3000 多人死亡。

圣安德烈亚斯断层
横跨美国加利福尼亚州，延伸约 1200 千米。

隆升的山脉

地壳内断块相对
向上运动。

惠特尼山是内华达山脉的
最高峰，海拔 4418 米。

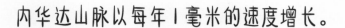

内华达山脉以每年1毫米的速度增长。

山脉并不是固定不变的，它们会升高或降低，只是变化得非常非常缓慢。数百万年来，随着陆地的褶皱和隆升，山脉被不断推高，这样的造山过程往往发生在板块边界部位。

美国加利福尼亚州的内华达山脉就是断块山。这意味着两个地块相互挤压，其中一个地块被挤出抬高，从而形成内华达山脉。大多数大型断块形成于 500 万至 1000 万年前，从那时起，它们就一直在进行造山运动。

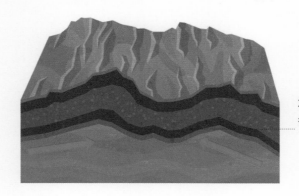

地壳运动引起的挤压弯曲会形成山脉。

褶皱

山脉约占地球陆地表面积的 20%。

由于地壳不断运动，数百万年后可能会形成一座山脉。最常见的山就是褶皱山。在板块交汇的地方，板块会碰撞挤压在一起形成褶皱。褶皱可以很小，甚至只影响一块人手大小的石头，褶皱也可以很大，大到构成山脉，如亚洲的喜马拉雅山。褶皱的形态也各不相同，有的呈弯曲的"S"形，有的则呈"Z"形。

希腊克里特岛上的石灰岩悬崖虽然没有喜马拉雅山那么大，但也同样令人惊叹。在这里，岩层发生褶皱，形成引人注目的"V"形，即对称尖棱褶皱。褶皱的两翼是直的，在一个区域急剧弯曲，这个区域被称为转折端。当地壳弯曲折叠时，山脉就形成了。

在这里，你可以看到
希腊克里特岛石灰岩悬崖上的对称尖棱褶皱。

有些人认为，
盐山女神能发出正能量，
帮助人们治愈疾病。

盐丘

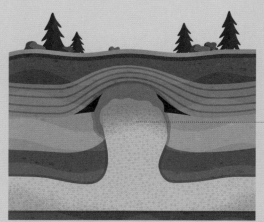

盐通过向上挤压
地层形成盐丘。

波斯湾的霍尔木兹岛上
有一位"盐山女神"。

伊朗的霍尔木兹岛上的山脉因含有多种矿物质而闪耀着红色、橙色和黄色。这座迷人的"山"实际上是一个盐丘。

盐丘是盐上升挤压其他岩石时形成的独特的地貌。当板块裂解形成新的海洋，或发生碰撞致海洋闭合时，海水深度随之发生变化。浅海干涸，海水中的盐分析出沉淀。如此反复，数百万年后，盐会一层层地堆得很厚，并被上覆的沉积岩层覆盖。最终，在这些挤压下，盐层被挤出形成盐丘。

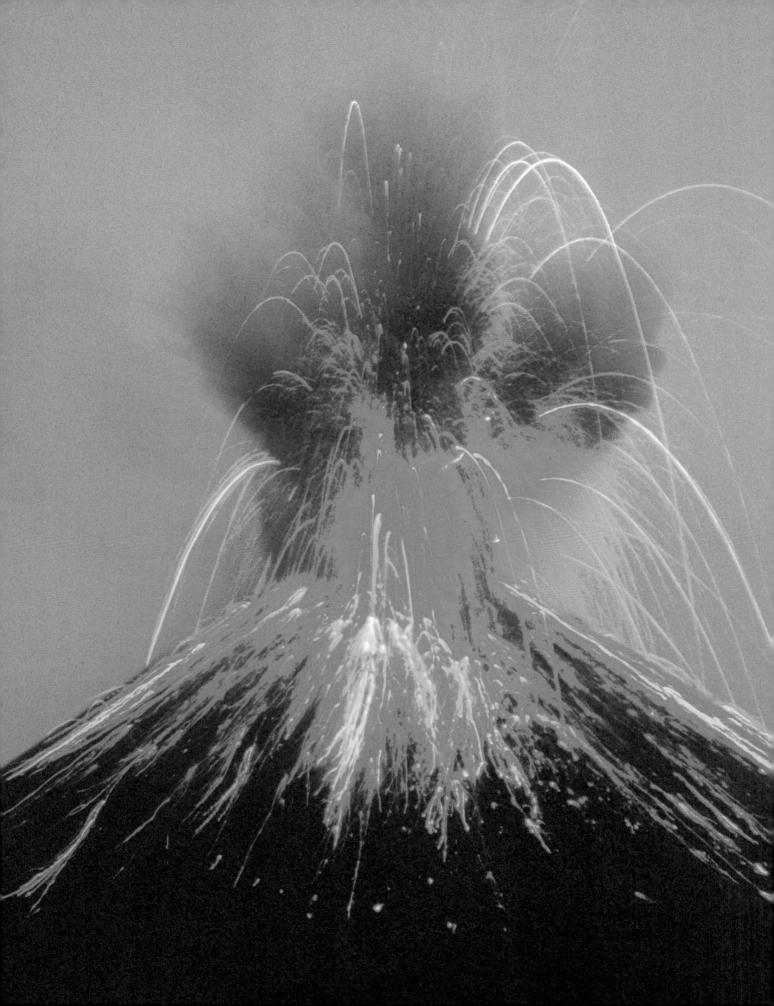

喀拉喀托之子

喀拉喀托火山具有非常强烈的爆炸性，火山口具有陡峭的侧面，周围堆满了喷发过后的黏稠熔岩。像这种熔岩和火山灰层层叠叠的火山被称为层状火山。

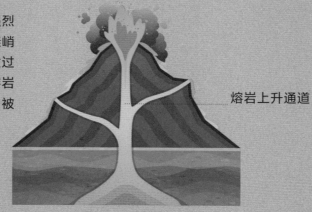

熔岩上升通道

1883 年，印度尼西亚的喀拉喀托火山爆发，一声巨响，就连远在大洋彼岸的澳大利亚都能听到，这是历史上最具破坏性的火山爆发之一。灾难过后，留下了一个巨大的火山口。后来，一座新的、更小的火山——安纳克－喀拉喀托火山出现了，它的名字意思是"喀拉喀托之子"。2018 年，安纳克－喀拉喀托火山爆发并引发了毁灭性的海啸，海浪向内陆延伸了很远。安纳克－喀拉喀托火山是一座活火山，如今仍随时会喷发。

2018 年，安纳克－喀拉喀托火山爆发，引发了约 5 米高的海啸。

安纳克－喀拉喀托火山是一座在喀拉喀托破火山口形成的小火山。

火山灰

火山弹尺寸大于 64 毫米。

火山角砾尺寸介于 2 毫米和 64 毫米之间。

火山尘颗粒小于 2 毫米。

当火山剧烈喷发时，会喷出火山灰，对大气造成严重破坏。火山灰会遮挡阳光，使空气变黑变臭，还会影响航空运输。如果火山灰进入飞机发动机，会引起故障。2010 年冰岛埃亚菲亚德拉冰盖火山爆发，导致数千次航班被迫取消。

火山灰由碎裂的微小岩块组成。除了喷发熔岩和火山灰外，爆炸性火山还会喷出大小不一的岩石，这些被称为火山碎屑物。不同类型的火山碎屑物因其大小不同而有不同的名称。大一些的一般叫火山弹；小一点的称为火山角砾；还有细小的火山尘。

火山灰喷射高度可达 40 千米。

自 1922 年以来，危地马拉的圣玛利亚火山一直在喷发。2023 年 2 月底，火山灰喷发到山顶上方 700 米的高度。

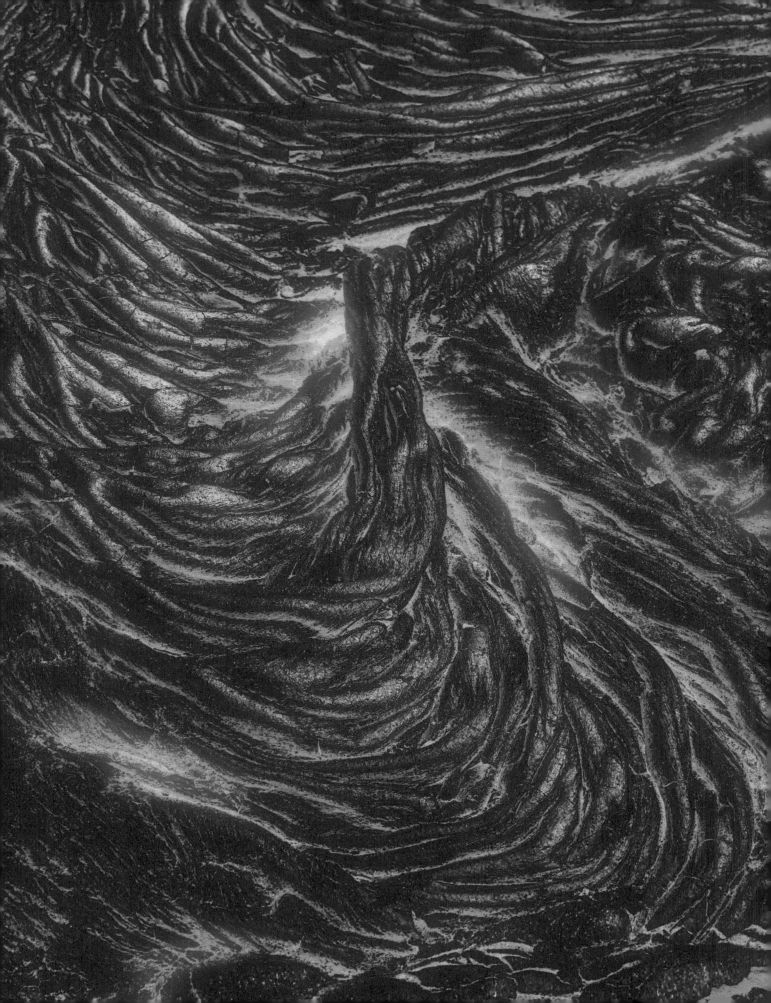

炽热的绳状熔岩的温度
至少为 600 摄氏度。

绳状熔岩

熔岩流可能需要几
年或数十年时间才
能冷凝成岩。

火山喷出的灼热流质熔岩被称为绳状熔岩（pahoehoe），来自夏威夷语，意思是"旋涡"。它的发音是"pa-ho-ee-ho-ee"，大声说出时听起来像在旋转一样！而顾名思义，绳状熔岩就是因为熔岩流的形状像绳子一样。

绳状熔岩的表面通常很光滑，但有时也会起皱，就像大象的皮肤一样。熔岩流动的速度非常缓慢，可能还没有你走得快。它从地壳中溢流出来，这个过程有些像挤牙膏。绳状熔岩的冷却是从外到里逐渐进行的，表面最先开始变黑变硬，接着是里面。内部炙热的熔岩将较冷和较硬的外壳挤压成皱褶状，这便是绳状纹理的形成过程。炽热的绳状熔岩温度非常非常高，需要很长时间才能完全冷却，我们甚至可以在它上面煮鸡蛋吃。

绳状熔岩形成了令人惊叹的图案，
看起来就像扭曲的绳索。

粗糙的熔岩

基拉韦厄火山是太平洋夏威夷岛上的五座火山之一。灼热的岩浆从基拉韦厄火山中喷涌而出，形成鲜橙色的"溪流"。岩浆流动速度非常快，可达每小时 50 千米，接近汽车的平均速度，比人跑步的速度要快多了。

岩浆在冷却后变得非常锋利。表面先冷却形成黑色玄武岩外壳，内部未冷却的岩浆流动时又会将表面撑开，使其变得又硬又尖，人们很难在上面行走。

基拉韦厄火山是太平洋的夏威夷岛上的
五座火山之一。

这条亮橙色的岩浆溪流
正从夏威夷的基拉韦厄火山流出。
粗糙的熔岩可以绵延超过 100 千米。

酸池

达洛尔的温泉看起来生机勃勃、色彩斑斓，令人眼花缭乱，极具欺骗性。它们位于埃塞俄比亚的火山平原上，实际上又热又酸，非常危险，可能会灼伤你。

在地表之下，存在一片炽热岩浆海，它们像一块浸透热水的海绵，向四周辐射着热量。雨水和海水通过地壳中发育的裂缝流入地下，之后被底下的岩浆加热。结果导致含有大量矿物质（如硫、钾和铁等）的热液上升并溢出地表，有些矿物质溶解在水中，形成亮绿色的纯酸池。

达洛尔的温泉水温度可达 100 摄氏度。

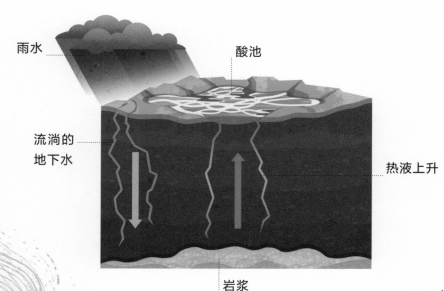

雨水

酸池

流淌的
地下水

热液上升

岩浆

加热的水经常在阳光下蒸发，
留下像梯田一样的台阶。

58

斯特罗库尔间歇泉位于冰岛的豪卡达鲁尔山谷，该地区以喷泉和其他地热景观（如泥浆池和喷气孔）而闻名。

间歇泉喷出的水温度最高可达沸水的 3 倍。

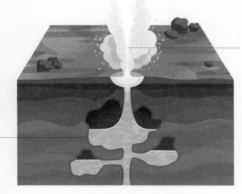

最终，喷射出的
热水和蒸汽在空
中炸开。

炽热的岩浆加热
地下水，压力随
之增加。

间歇泉

冰岛的斯特罗库尔间歇泉的喷发间隔时间很短，每 6 到 10 分钟喷发一次。通常会喷发高达 15~20 米，不过有时也能达到这个高度的两倍，想象一下，这是一个多么令人惊叹的景象。需要注意的是，我们不能离它太近，因为它会喷出沸水并释放出过热蒸汽。

水流入地下，会被炽热的岩浆加热。具体来说，首先深部的岩浆加热周围的岩石，岩石会进一步加热其中的水，当压力聚集到一定程度时，热液喷发出地表，从而形成喷泉。

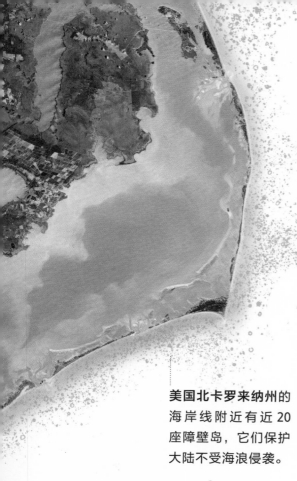

障壁岛

顾名思义，它如一道屏障，保护着附近大陆的海岸线。这些岛屿由潮汐海浪反复沉积泥沙，日积月累形成。

美国北卡罗来纳州的海岸线附近有近 20 座障壁岛，它们保护大陆不受海浪侵袭。

岛屿

岛屿是一块四面环水、面积小于大陆的陆地区域。

岛屿可以是湖泊或河流中露出水面的岩石，也可以是海洋中的大片陆地。岛屿的形成方式各不相同，主要类型有以下几种。

潮汐岛

这种类型的岛屿与潮汐有关，平常它们与大陆相连，但在涨潮时连接会被海水切断，变成岛屿。

退潮时，你可以步行前往法国诺曼底的圣米歇尔山；但涨潮时，它就成了海湾中的一座小岛。

夏威夷岛是包括五座火山的岛，其中最大的是冒纳罗亚火山。

火山岛

很多火山在海底喷发，有些火山规模大得可以形成岛屿。夏威夷群岛就是由大量火山熔岩堆积而成的，现如今离海底约 9760 米。

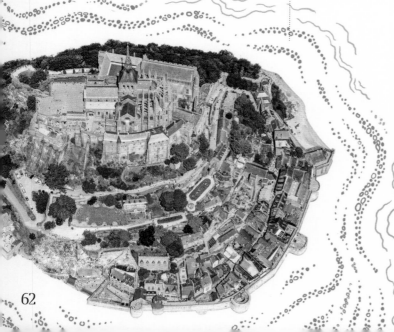

大陆岛

规模较大的岛屿大多是大陆岛，它们与大陆分离的原因可能是海平面上升或板块运动，如马达加斯加岛曾与南亚次大陆相连，而如今位于非洲海岸附近。

马达加斯加的气候和生态系统与非洲其他地区不同，也因此孕育了一些特殊的野生动物。

马达加斯加是如何形成的？

马达加斯加

1.7 亿年前，那时马达加斯加还不是一个岛屿，超级大陆——泛大陆开始逐渐裂解成小陆块。

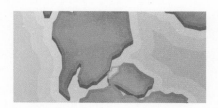

1.35 亿年前，马达加斯加位于一个大陆的边缘，这个大陆就是后来的南亚次大陆。

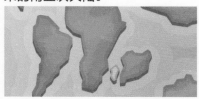

8800 万年前，马达加斯加从南亚次大陆裂解出来，开始向非洲移动。

珊瑚岛

珊瑚是珊瑚虫的骨骼聚集物。骨架碎片逐渐堆积在珊瑚礁顶部，形成岛屿。珊瑚岛通常位于热带地区，沙滩上长满棕榈树。

马尔代夫位于印度洋，由一连串珊瑚岛组成。

假如从海底测量，
那么夏威夷岛上的冒纳凯阿火山是
地球上最高的山，高约 9760 米。

水下火山爆发时，岩浆会凝固并堆积成锥形。最终，一座岛屿可能会浮出水面。

火山岛

火山一般在板块边界处发育，当板块运动时，地幔中熔融的岩石会冲破地壳。这在海底也会发生。若火山从海底喷发，就可能会形成岛屿。

亚速尔群岛是大西洋上的火山岛群，它们位于北美板块、欧亚板块和非洲板块三个板块的交界处。大约 800 万年前，熔岩堆积得很高，直达海面，形成岛屿。火山口湖是亚速尔群岛中圣米格尔岛的一大特征。火山口湖是由古老的沉没火山形成的，火山口湖内的水位为海平面。这里形成天然的圆形游泳池，湖水清澈温暖，一年四季都可以游泳。

这个火山口湖是大西洋圣米格尔岛附近一座小岛的一部分。

海蚀柱

海浪冲击软岩。

岩石被侵蚀。

久而久之，可能会形成拱门形状的海蚀地貌。

后来"拱门"坍塌，留下了海蚀柱。

"十二使徒岩"中有的海蚀柱高达 45 米。

海岸线不是固定的，在海浪、雨水和冰的不断冲击下，岸边的岩石被慢慢地冲掉，这就是侵蚀作用。海滩上的风浪非常大，有时甚至可以卷起巨大的岩石，并将它们撞向海崖。慢慢地，海岸线的形状发生了变化，形成洞穴和拱门。拱门上部被完全侵蚀，直至坍塌，在海边就会留下一个个石柱，这就是海蚀柱。

强劲的海浪在澳大利亚南部海岸"凿"出了一组独特的海蚀柱，它们被称为"十二使徒岩"。虽然名字叫"十二使徒岩"，但人们只看到过八根石柱，不过随着海浪不断侵蚀，将来还会形成更多的海蚀柱。

澳大利亚维多利亚州坎贝尔港国家公园的
"十二使徒岩"是由石灰岩组成的海蚀柱群。

雕岩

地球上的地貌景观在地质历史长河中不断发生变化，不过变化的速度并非一成不变，而是时而快，时而慢。如在暴风雨或洪水的作用下会快速变化，平静期变化得可能要相对缓慢一些。假如能穿越时空，或许你能看到山脉如何一点一点被夷平；岩石如何破碎成小块，而后又被风吹走。

风本身不会造成太大的破坏，但如果风中夹杂着尘埃或沙粒，它们就会快速磨蚀岩石。亚利桑那州沙漠中的羚羊谷的奇特形态是风和水共同作用的结果。湍急的洪水携带着沙子和岩石碎块，用数百万年的时间，在松软的砂岩中逐渐雕刻出了这样一条天然通道。

羚羊谷是美国西南部纳瓦霍人的圣地。

峡谷又干又窄，两侧陡立，洪水在其中可以快速流动。

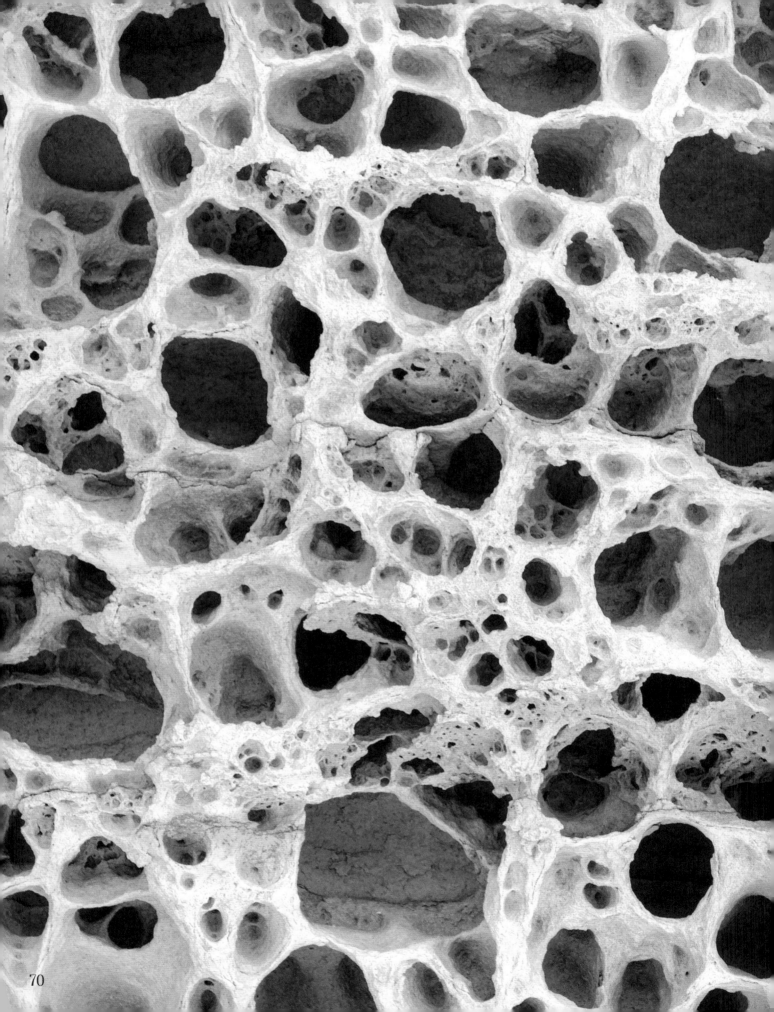

澳大利亚的悉尼砂岩形成于约 2.35 亿年前。

蜂窝状风化

海洋飞沫落在岩石上。

慢慢地，盐晶体析出并逐渐变大，在岩石上留下小坑。

岩石在水、风或冰的作用下崩解破碎，即为风化作用，其中最奇特的一种类型叫作蜂窝状风化。在岩石表面出现许多小坑，看起来就像蜂窝——蜜蜂生活的场所。

海边、沙漠甚至北极地区都有蜂窝状风化现象，通常是由含盐的海水和风造成的。风会快速吹干岩石上的盐水，久而久之，海水中的盐分析出形成盐晶体。随着晶体在岩石中结晶变大，使岩石裂开，起初的小洞逐渐变大。

图中蜂窝状风化砂岩位于苏格兰斯凯岛的埃尔戈尔海滩的一处海崖上。

多佛白崖沿着英格兰南海岸线绵延了超过13千米。

白垩海崖

这些是白垩岩中常见的化石。

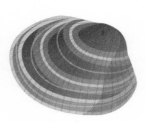

双壳类

海胆纲

菊石类

海崖位于海岸边岩石与海水交汇的地方。如果你从海滩或海上回望悬崖，能够清晰地看到层叠的岩石，也能从中了解海崖的形成过程。

　　多佛白崖是英格兰南部海岸的一个迷人地标，有自己独特的故事。它主要由白垩构成，因此呈现出白色。这类岩石质地松软，由数以百万计的海洋生物经数百万年的时间沉积而成。海浪和潮水的不断拍打很容易将碎屑状的白垩侵蚀掉，露出其中的化石。令人惊奇的是，起初这些悬崖并不在水面上，它们曾经是海底的一部分。大约 6600 万至 1 亿年前，海平面下降，白垩层形成了高耸的悬崖。

天气晴朗时，从英吉利海峡对岸的法国海岸，大约 32 千米之外，都能看到多佛白崖。

山体滑坡的速度可达每小时
55 千米以上。

山体滑坡通常始
于陡峭的山坡。

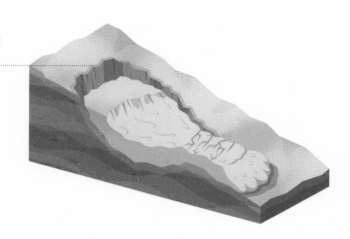

山体滑坡

我们脚下的土地通常是坚硬的岩石或泥土，但有时也会移动。如果山坡上的泥土松动，就会离开原地向山下滚落，即为山体滑坡。

强震会导致山体滑坡，但这不是唯一的原因。雨水浸泡土壤，使其变重，更容易形成滑坡。而树林可以防止滑坡的发生，树木根系吸收水分，帮助保持地面的稳固。因此，在许多树木被砍伐或烧毁的地方，山体滑坡尤为严重，这并不奇怪。那些地方更容易发生洪水，甚至形成破坏性的山体滑坡。

土壤和树木一起
从奥地利福拉尔贝格的山坡上滑落下来。

雪 崩

当山坡积雪失稳松动时，就可能诱发雪崩。

雪崩前行的路途上会积聚越来越多的冰雪，不断积聚能量。

一个滑雪者造成的震动就足以引发雪崩。

发生雪崩时，大量冰雪会突然从山的一侧冲下，非常危险。速度快得让人难以置信，最高可以达到每小时 320 千米。雪从陡峭的山峰涌入山谷，沿途带走岩石、树木和其他任何挡路的东西。它们会像厚厚的白色毯子一样铺开，宽度可达 1 千米，甚至会掩埋山下的整个村庄。

造成雪崩的原因有很多，大雪、融冰、强风或地震，甚至人类、其他动物在山坡上走动或巨大的声响也可能造成雪崩。1916 年，在第一次世界大战期间，枪炮射击发出的声响诱发了意大利阿尔卑斯山的几次雪崩，导致了数千名士兵丧生。

这是一场发生在亚洲喜马拉雅山脉洛子峰的雪崩。

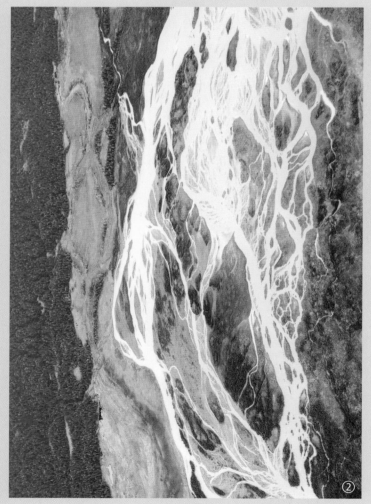

水

地球形成之初，地表并没有水，只有炽热的熔岩，任何生物都无法生存。几百万年后，地表冷却，有了水存在的温度条件。雨水流入海洋，海底地壳中的盐分使海水变咸，陆地上的河流和湖泊里则为淡水。

如今，我们看到河流从陡峭的山上奔涌而下，冲刷岩石，形成瀑布和急流。到了地形平缓之处，水流会散开，可能会淹没陆地。海洋里有强大的海浪、漩涡和风暴。在海洋深处，海底沉积物堆积，海底喷口可能会释放出热酸。海水冻结成海冰，冰川形成冰山。这些冰雪物质移动时"凿"出深深的山谷，海水进入其中便成了峡湾。

假如没有水，地球上不会有动植物，我们人类也无法生存，在陆地或深海中也不会有如此种类繁多的生命。

地球表面约 70% 被海洋覆盖。

①埃及红海色彩斑斓的珊瑚礁；
②美国阿拉斯加州的辫状河；
③澳大利亚西部的巨浪；
④俄罗斯克里米亚的萨西克－西瓦什红盐湖。

水循环

生物需要水才能生存。没有水就没有植物，动物也无法生存。地球的温度恰好可以容纳水的各种形态。千百万年来，水在海洋、空气和陆地之间流动，这就是水循环。

太阳的**热量**使海洋表面变暖。

风把云朵吹到陆地上空。

来自植物的水分

植物通过根部吸收水分，然后以水蒸气的形式释放到大气中，这一过程称为蒸腾作用。蒸腾作用可以升高空气湿度，有助于形成更多的云。

云的形成

水蒸气上升到较高、较冷的地方开始冷却。当温度足够低时，水蒸气就会凝结，变成液态并形成云。

从海洋中升起

随着海洋表面温度升高，部分海水蒸发，进入大气中。

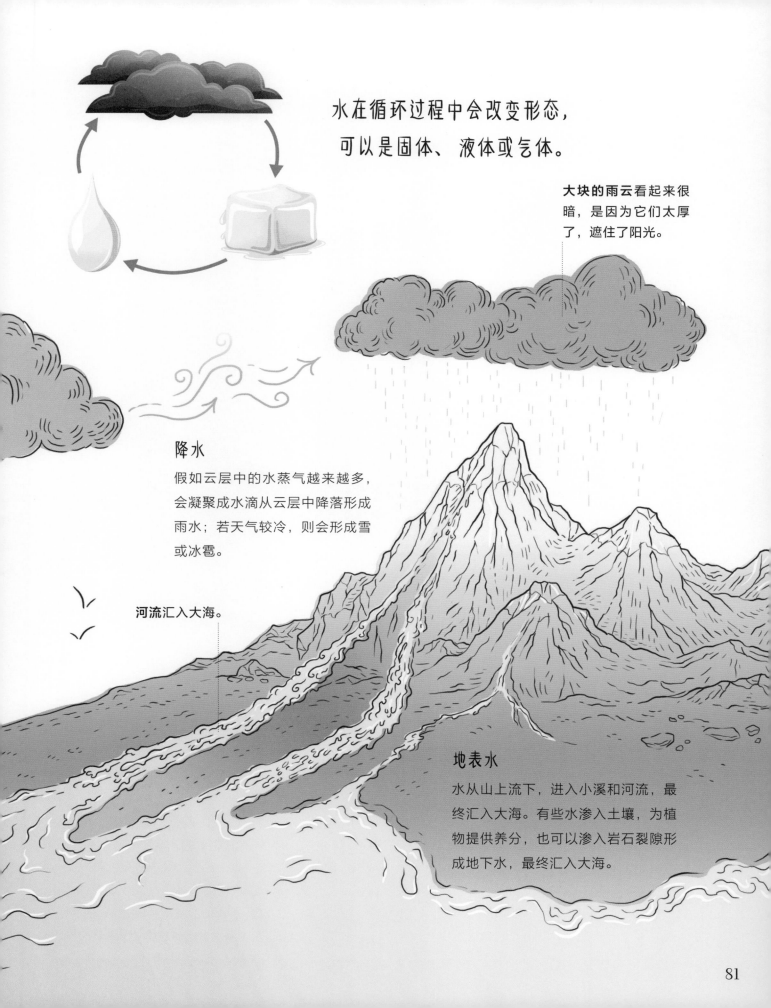

水在循环过程中会改变形态，可以是固体、液体或气体。

大块的雨云看起来很暗，是因为它们太厚了，遮住了阳光。

降水

假如云层中的水蒸气越来越多，会凝聚成水滴从云层中降落形成雨水；若天气较冷，则会形成雪或冰雹。

河流汇入大海。

地表水

水从山上流下，进入小溪和河流，最终汇入大海。有些水渗入土壤，为植物提供养分，也可以渗入岩石裂隙形成地下水，最终汇入大海。

辫状河是各种鸟类、鱼类和植物
争相栖息的热门地区。

辫状河

平坦宽阔的陆地（如山间平原），为河流提供了流淌空间。主干河流多次分叉成小的河流，形似发辫，也因此称为辫状河。

辫状河流速由快变慢，没有足够的能量保持其携带的砾石、沙子和泥土。它们会逐渐沉淀下来，形成大量心滩。这些心滩随着河水流动逐渐变化，时而分叉，时而又合并在一起，形成一幅动态图案，看起来几乎就像一幅风景画。

这是冰岛一条辫状河流的河道。

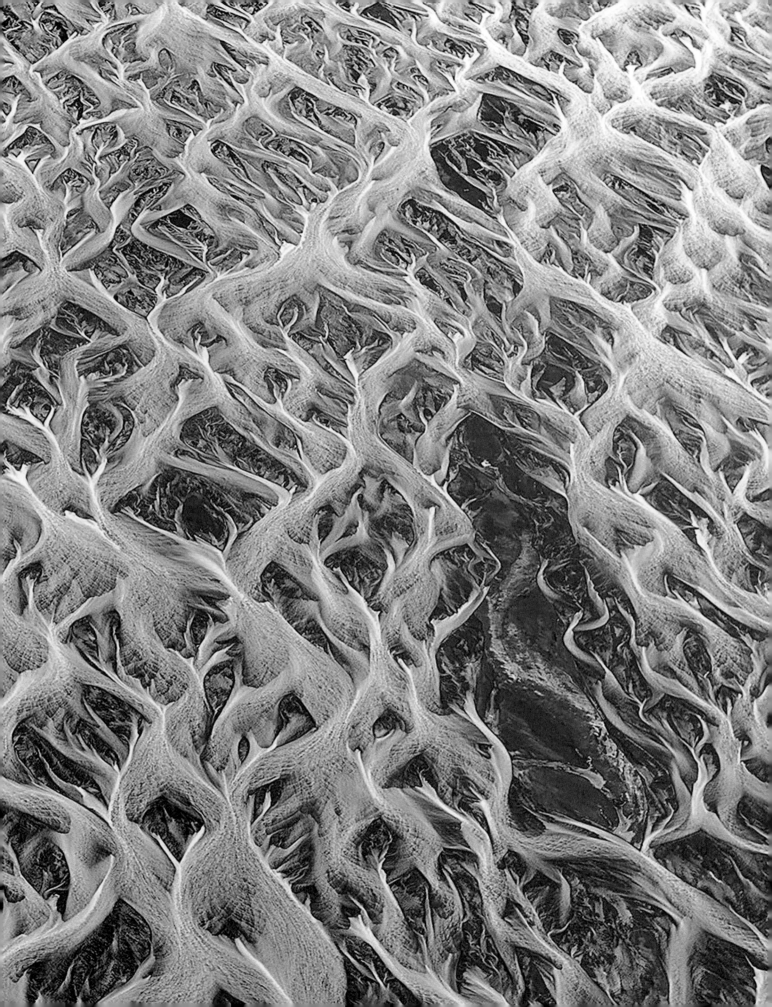

河流形态

  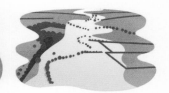

急流指的是一条河流中湍急的部分。

当河流的拐弯处被切断时，就形成了牛轭湖（弓形湖）。

洪泛平原是指河边的平坦地带。

河流 总是顺着一定的坡度往下流，把山上和丘陵上的水带到海里。在地势陡峭的地方，河水流得快；而在地势较平的地方，河水会变慢，向外扩散，河道变宽。

河流从上游至下游，一路上会形成不同的地貌。从悬崖上流下的河水可能会形成瀑布。若在平坦的地区或洪泛平原上，河流可以改变方向，蜿蜒向前。有些地方呈波浪形；有些地方则蜿蜒曲折成"S"形或牛轭形。当牛轭环形湾与主河道分离，就变成了牛轭湖，如美国阿拉斯加育空三角洲的牛轭湖。牛轭湖也被称为马蹄形湖，你知道为什么吗？

牛轭湖形成之后就变成了静水湖，
没有水流入或流出。

美国阿拉斯加育空三角洲是世界上最大的河流三角洲之一。

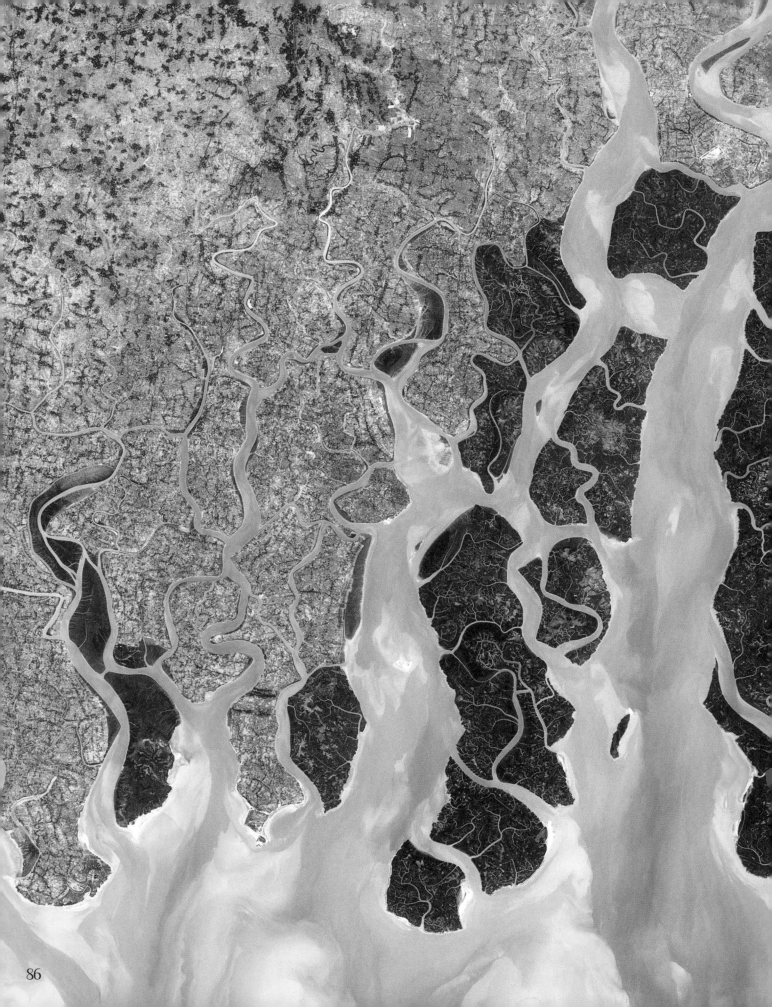

恒河三角洲是世界上最大的三角洲。

三角洲

三角洲形状扁平，呈三角形，其英文 delta 来源于希腊字母 Δ，因为它的形状就像一个三角形。

三角洲是河流沉积下来的巨型平坦的沙泥地带，阻断了河流原来的流向，从而形成几条小河道。在全世界范围内，类似恒河三角洲这样的三角洲，拥有世界上最肥沃的土壤。这里的土地非常适合耕种，因为河流会将土壤从山上冲刷下来，并在洪水泛滥时将其扩散到整个地区。恒河水从喜马拉雅山一路而来。超过 1.2 亿人以恒河三角洲为家园，许多人在这片土地上耕作，种植黄麻、水稻和茶树等农作物。

恒河流入孟加拉湾。

彩虹河

哥伦比亚特有的植物玛卡莲娜
（*Macarenia clavigera*）赋予了
这条河鲜艳的粉红色。

卡奥里斯塔莱河是位于哥伦比亚偏远山区的一条水流湍急的河流，一年中的大部分时间，河水都清澈见底，河床洁白闪亮。然而，在8月到10月之间，当水深恰到好处时，河水会发生神奇的变化，变得色彩斑斓。

水生植物在河床上突然绽放，有鲜艳的橙色、绿色，尤其是红色。在蓝水黄沙的映衬下，这些水生植物绽放出令人眼花缭乱的色彩，卡奥里斯塔莱河也因此被称为"彩虹河"和"五色河"。

玛卡莲娜的根系发达，牢牢地附着在河床岩石上，即使水流湍急，也不会被冲走。

瀑布

水流从悬崖上降落形成瀑布，并逐渐磨损悬崖。悬崖上较软的岩层比相对较硬的岩石被磨损得更快。

莫西奥图尼亚瀑布（旧称维多利亚瀑布），
高约 108 米，瀑布落下的水最终流入下方的峡谷。

从壮观的莫西奥图尼亚瀑布倾泻而下的水流令人敬畏。这个瀑布位于非洲南部赞比亚和津巴布韦交界。莫西奥图尼亚，意思是"雷霆翻滚的云雾"。它还被誉为"彩虹之地"，当阳光透过水雾照射在此，会出现彩虹。

从该瀑布流出的水不仅强劲有力，而且非常有用。它有助于浇灌周围干旱的土地，使小雨林得以繁茂生长，为数百种动植物提供了栖息地。

"魔鬼池"位于莫西奥图尼亚瀑布顶端，
就在瀑布边缘，令人称奇。
在旱季，水流不那么急，可以在此游泳。

盐湖

盐湖可能是致命的，坦桑尼亚的纳特龙湖中含有泡碱，是一种从周围火山岩渗入水中的盐。这使得湖水呈强碱性，就像漂白剂一样。

微小的微生物使水变红。

每次阿萨勒湖干涸，都会析出许多盐，盐层于是变得越来越厚。

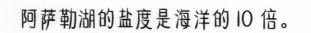

阿萨勒湖的盐度是海洋的 10 倍。

阿萨勒湖位于吉布提，是非洲陆地的最低点，也是地球上第三低的地方，低于海平面 155 米。大多数湖泊由淡水河流提供水源，并有个出口流向下游。然而，阿萨勒湖是一个盐湖，没有出口，湖水只能通过太阳照射蒸发到空气中。湖水完全干涸之后，留下的就是干盐湖，或称盐滩。

阿萨勒湖为什么这么咸？这是因为附近亚丁湾的海水会流入湖中。而且水在汇入湖中前流经地热温泉，水温也比较高。

火山口湖

火山喷发后，留下一个火山口。慢慢地，这里会积满雨水和冰雪融化的水。很少有泥土和岩石冲入其中，因此湖水一直很干净、清澈。

火山口湖的平均深度为 350 米。

美国最深的淡水湖是在火山口湖国家公园的一个火山口湖，呈圆形，湖水纯净清澈。该湖形成于约 7700 年前的马扎马火山爆发，火山顶部被冲开，山体被摧毁，最后留下一个火山口，里面充满了雨水和积雪。

小规模的火山爆发持续了几百年，在湖中形成了一个小火山岛，叫作巫师岛。火山口湖内没有河流流入和流出，雨水和降雪不断地为其补充着清澈的水源。

火山口湖位于北美洲西部喀斯喀特火山的火山弧内。

挪威有 1000 多个峡湾。

峡湾

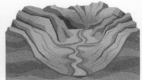

当冰川移动时，冰川侵蚀形
成峡谷。

随着海平面的上升，峡谷中
充满水，形成峡湾。

峡湾是由冰川移动形成的峡谷被海水淹没而成的海湾。峡湾狭窄、陡峭、深邃。在大约 1.4 万年前的末次冰期，挪威被冰川覆盖，当冰川消融，海平面上升时，海水注入峡谷，就形成了包括壮丽的盖朗厄尔峡湾在内的多个著名峡湾。

如果峡湾没有水，你会发现它是一个 U 形的谷地。这种形状是冰川从高山向大海缓慢移动时磨蚀基岩形成的。冰川本身不会磨损岩石，但冰川移动时会携带碎石，在这些碎石的作用下，峡湾变成了 U 形的。

挪威的盖朗厄尔峡湾
全长超过 15 千米。

越南广平省的韩松洞内部非常宽阔，
巨型喷气式飞机可以从中飞过，机翼都不会碰到山洞两侧。

巨型洞穴

韩松洞长 5 千米，宽 150 米。

1991 年，一个越南人在寻找木材时意外地发现了这个世界上最大的洞穴。起初他并没有在意，很快将其忘得一干二净。近 20 年后，他带领一个洞穴探险队再次来到这里。后来该洞被命名为韩松洞。

这个巨型洞穴内有两个中空洼地，也叫落水洞，是山顶坍塌所致。阳光从中空的地方照进来，还有一条快速流动的地下河浇灌，因此地下雨林在此繁荣生长。洞穴内还有一处由方解石构成的屏障墙，高 90 米，它被称为"越南长城"。

韩松洞位于
越南丰芽－格邦国家公园。

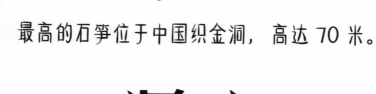

最高的石笋位于中国织金洞，高达 70 米。

洞穴化学淀积物

如果石钟乳和石笋相遇，它们就会形成一个天然石柱。

在一些洞穴中发现的奇特物质，称为洞穴化学淀积物，特别是那些由石灰岩构成的。洞穴化学淀积物（speleothem）这个名字来自古希腊语，spelaion 意为"洞穴"，thema 意为"淀积物"。当水滴入石灰岩洞穴内，会留下方解石或文石等矿物。它们的形成非常缓慢，需要数千年甚至数百万年，最终会形成令人惊叹的各式形态。

世界上有 300 多种不同类型的洞穴化学淀积物，其中最常见的是从洞顶垂直向下淀积而成的锥状石钟乳。人们根据它们的形状起名字，比如"稻草""扫帚"。还有石笋，从洞穴的底部向上生长。

西班牙马略卡岛德拉奇洞穴中悬挂的石钟乳和向上生长的石笋。

有些穴珠非常闪亮，
甚至可以拿来当镜子使用。

穴珠

尽管叫作穴珠（意思是洞穴珍珠），但它们其实并非真正的珍珠。这些"珍珠"多数呈圆形，有棕色的，也有白色的，有时会呈现出珍珠光泽。然而，与真正的珍珠不同，它们并非来自海洋，而是发现于溶洞。

穴珠最初是石灰岩、贝壳或沙子的微小颗粒，这些微小颗粒形成了"珍珠"的核。水溅落在核上，会留下微量的方解石矿物。慢慢地，方解石一层一层沉积，穴珠越来越大。穴珠可以生长于洞穴壁、洞穴顶和洞穴底，但最常见于洞穴中的浅水池里。

穴珠在流水作用下不停地翻滚，与地面互相摩擦，表面渐渐被抛光磨亮。

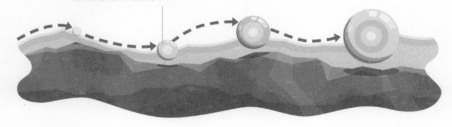

越南丰芽－格邦国家公园的韩松洞，
这里有大量稀有的穴珠。

莴苣珊瑚

海龟

蝴蝶鱼

剑鱼

阳遂足

礁环冠水母

盲鳗

海洋

海洋的深度不一，从阳光照射的浅海到黑暗无光的深海及海沟。各种奇妙的海洋生物在不同的深度生活，海龟、海豚、蝴蝶鱼等生活在海面附近，而海猪、狮子鱼等则生活在海洋的最深处。

阳光带

深度 0~200 米

顾名思义，这个区域沐浴在阳光之下，有助于维持海水的温度，大多数海洋动植物都生活在这个区域。

海豚

微光带

深度 200~1000 米

该区域的温度较低、光线较暗，不过仍有一些微弱的阳光。夜晚时，部分动物会去阳光带进食。

章鱼

无光带

深度 1000~4000 米

没有阳光能到达到这片区域，因此这里一片漆黑并且极度寒冷，仅有的光源是某些特殊动物自身产生的亮光。

鮟鱇鱼

深渊带

深度 4000~6000 米

极少数生物能生活在这样严寒、黑暗的海域中。

海猪

海沟带

深度 6000~11000 米

海沟就像一把楔子插入海洋最深处，因此这里的深度远超大部分海底，这里的水压极大。

狮子鱼

海底"黑烟囱"

这些塔状堆积物
最高能堆积至 55 米，
之后会因为堆积太高而倒塌。

在海底最黑暗的区域，潜藏着一个个看似奇怪的烟囱。实际上这是海底热泉在活动，它们被称为热液喷口，还有一个形象的名字"烟囱"。

在新生洋壳的区域，发育了大量热液喷口。海水沿洋壳裂缝向下渗入，被地壳深部岩浆加热升温，溶解了周围岩石中多种金属元素后，又沿着裂隙上升并喷发在海底。喷口中的液体温度超过 400 摄氏度，喷发到冰冷的海水中后会被冷却，其中含有的矿物质不断堆积形成塔状。

富含矿物质的海水
从大西洋洋中脊的热液喷口中喷出。

锰结核的生长速度非常缓慢，
几百万年才长大1厘米。

锰结核

大多数结核的大
小介于高尔夫球
和保龄球之间。

包裹结核的层状结构
就像树干的年轮，显
示了结核的生长过程。

到目前为止，深海的大部分区域仍然非常神秘。在海底隐藏着一个令人惊讶的重要发现，很多海床上覆盖着锰结核团块。称之为锰结核，是因为其呈结核状且锰是其中的主要金属，除此之外还有铁、镍、钴、铜和钛等金属。

锰结核广泛分布于全球海洋中，尤其是墨西哥海岸附近的大片太平洋海域。它们形成的过程非常有意思，海水中的金属颗粒会围绕着一个物体，如贝壳、骨头或鲨鱼牙齿堆积成层。未来，人们可能会从海底寻找这些被遗忘的团块物，从中获取有价值的金属。

这些锰结核
分布在大西洋的海床上。

颗石粒沉到海底需要上千年的时间。

这幅图被放大了很多倍，很好地显示了包裹着颗石球的圆盘状颗石粒的漂亮花样。

海底软泥

海底被沉积物所覆盖，这些沉积物主要有微小岩石和矿物颗粒。有些沉积物颗粒在河流、冰川和风力的作用下从陆地来到海洋。然而，深海沉积物的来源却不同，它们主要由海洋生物残骸与沉到海底的化学物质混合而成，也叫软泥。

大部分软泥是钙质的，这意味着它是由漂浮在海面附近的微小单细胞生物或浮游植物产生的碳酸钙泥组成。其中一种主要的浮游植物为颗石藻，表面的圆形覆盖物叫颗石球，每个颗石球都由圆盘状的颗石粒包围形成。在某些海洋区域中有数百万、数十亿甚至数万亿个颗石藻，它们的颗石粒需要很多很多年才能沉入海底，最终成为海底奶油色的钙质软泥。

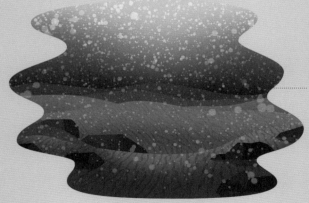

逐渐沉入海底的海洋生物和其他物质的微小颗粒被称为"海雪"。

海浪

你去过海边看海浪拍打海岸吗？海浪多是由拥有强大能量的海风引起的。海浪最初始于深海，当海风吹过水面，首先形成波纹，随着海风继续吹动，波纹变成了波浪。海风越强，波浪也就越大。

最后，海浪拍打在海岸上，结束它的旅程。海浪的破碎是由于波浪的顶部（即波峰）不稳，甚至翻转。这是因为水下陆地的斜坡会减缓波浪底部（波谷）的水速，由此波峰部分的水速会超过下面的水速，使波浪翻转破碎。当海浪破碎时，水在空中喷溅，如同白马一样雷鸣般地冲向岸边。

每一个波浪中的水都会旋转，将能量传递给前面的水使波浪向前移动，直到它撞击海岸。

海浪的高度可以超过 20 米。

这个巨大的海浪在一个暴风雨夜破裂，
像这样特别的巨浪被称为疯狗浪或异常波。

漩涡

你有没有看到过浴缸或水槽里的水流向下水道时的样子？水一圈一圈地旋转，这就是一个小漩涡。在自然界中很多地方都能看到漩涡，无论是在湍急的河流，还是在广阔的海洋。那些规模很大的大漩涡极其可怕，可以将整艘船吸进去。

我们知道，水朝着一定方向移动形成水流，当两股水流相遇时，各自都试图经过对方而不减速。想象一下，当有人面对着你走过来，你们双方都不想放慢速度，就只能向其身旁移动才能绕过对方。水流也是如此，但若是两股水流的速度都很快，它们便会不停地旋转，形成一个漩涡。

巨型漩涡的直径可达 10 米，深可达 5 米。

流向相反的两股
水流相遇。

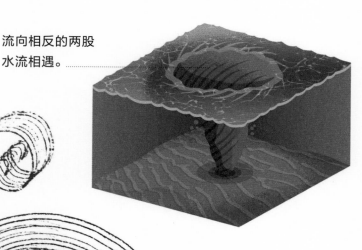

漩涡中的水流向下旋转
在它的中心形成一个真空区，称为涡旋

114

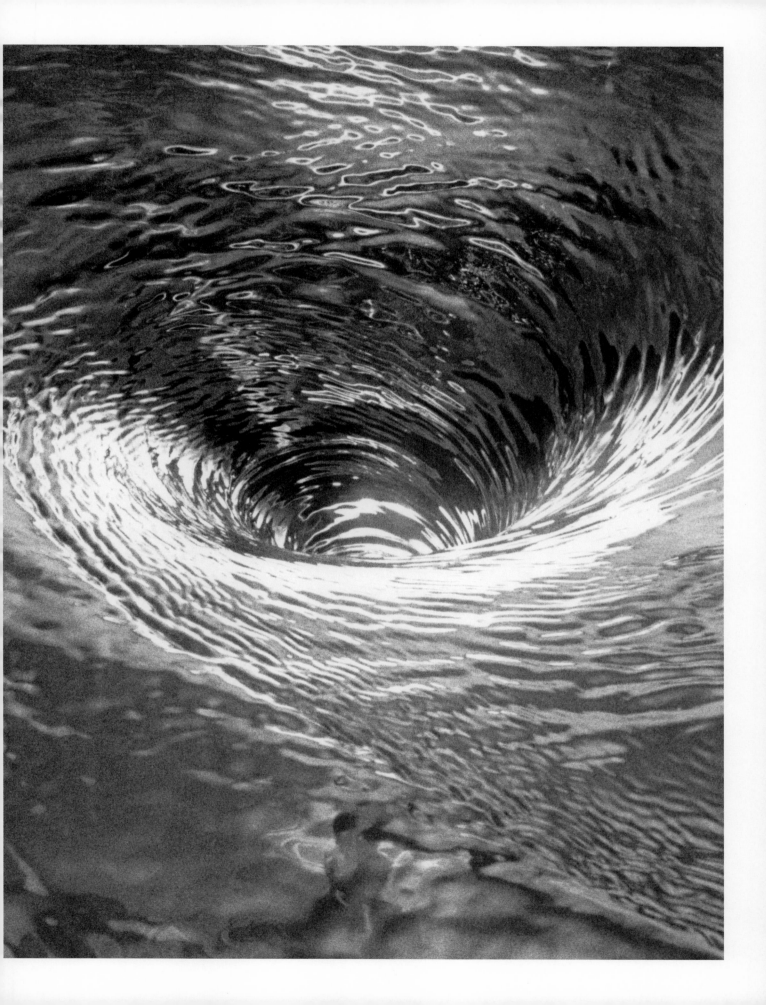

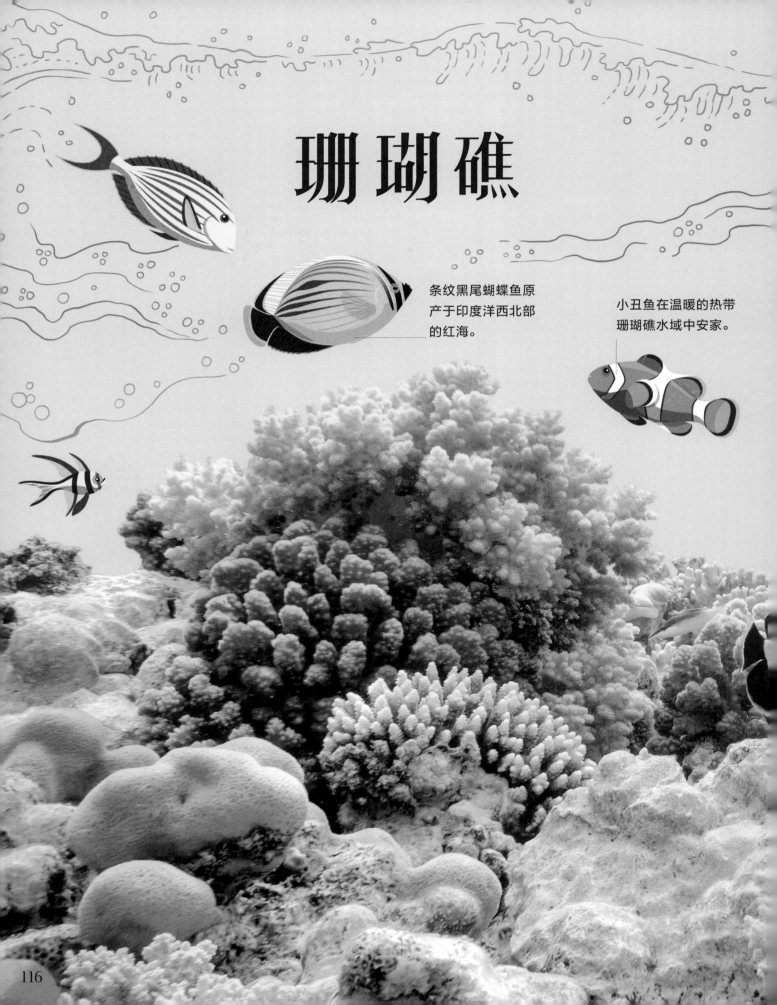

珊瑚礁

条纹黑尾蝴蝶鱼原产于印度洋西北部的红海。

小丑鱼在温暖的热带珊瑚礁水域中安家。

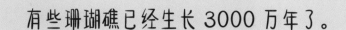

有些珊瑚礁已经生长 3000 万年了。

美丽的珊瑚礁生机勃勃，这里生活着鱼类和其他海洋生物，珊瑚礁本身也是有生命的。当大量管状珊瑚虫附着在海边水下岩石上时，珊瑚礁就开始形成。由一条珊瑚虫繁衍出更多珊瑚虫，它们坚硬的钙质骨架连在一起形成珊瑚礁，这一过程需要漫长的时间。有些珊瑚每年仅生长约 2 厘米，因此形成珊瑚礁可能需要 1 万年，这也使得珊瑚礁成为地球上由动物构建的最古老的生态系统。

鱼儿在红海里的珊瑚间游来游去，橙色身体有助于它们躲避捕食者。

珊瑚环礁

有些海底火山岛四周被珊瑚环绕。

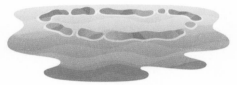

当火山岛沉没到海平面以下，珊瑚礁仍留在海平面以上。

在太平洋上的密克罗尼西亚，帕金环礁环绕着一个美丽的蓝色潟湖。

环礁是环形分布的珊瑚礁，其内的水体被称为潟湖，有时中间还有着一个岛屿。大多数环礁位于太平洋，因为那里的温度适宜珊瑚生长。

英国科学家查尔斯·达尔文首先提出环礁的成因，他认为环礁是火山岛沉没后遗留下的产物。在火山岛沉没之前，火山岛边缘温暖的浅水中生长着珊瑚形成裙礁。随着火山下沉和珊瑚不断生长，在火山和珊瑚之间形成一个带有潟湖的堡礁。最后，火山完全消失，只有环礁遗留在原地。

1595 年，西班牙探险家伊莎贝尔·巴雷托首次发现了帕金环礁。

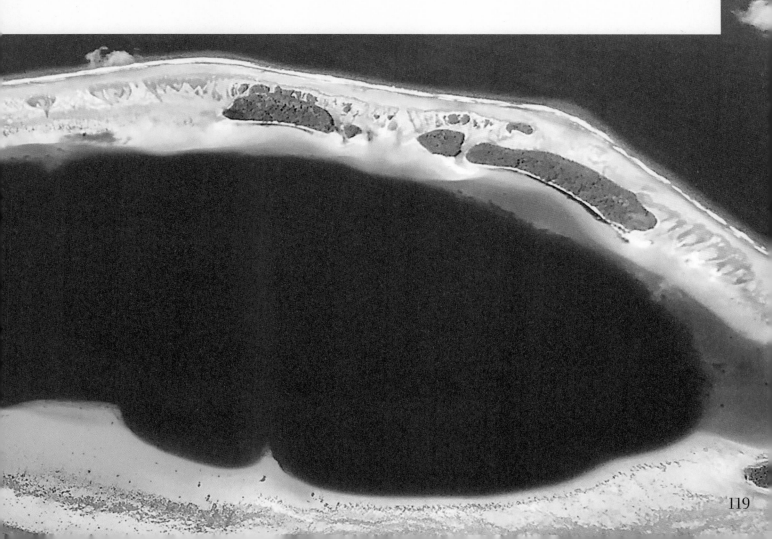

全世界四分之一的海岸线上都生长着巨藻森林。

巨藻森林

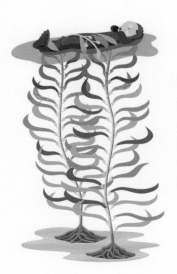

海獭用巨藻将自己裹起来并固定在一个地方。它们对巨藻森林的生存非常重要，因为它们捕食以巨藻为食的海胆。

巨藻是一种海藻，它可以生长在世界各地凉爽的浅海水域。下次去海边时，你可以找找巨藻，当暴风雨过后，巨藻叶片会被冲到沙滩上。巨藻生长茂密的地方如同一片森林，长长的叶片在水中摇摆，像风中的树叶，与树木不同，巨藻没有根。它通过像锚一样的有黏性的固着器附着在地面或岩石上。当巨藻固定好自己后就开始向阳生长。叶片上有一些充满空气的气囊，有助于保持叶片直立。如果气囊不发挥作用，叶片就会沿着海底缠绕在一起。

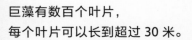

巨藻有数百个叶片，
每个叶片可以长到超过 30 米。

与其他海藻不同，马尾藻不附着在岩石上，
而是在海浪下方形成一个漂浮的花园。

马尾藻

马尾藻海周围环绕
着被称为"环流"
的洋流系统。

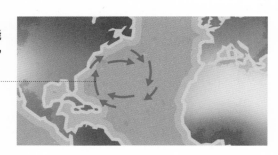

除了马尾藻海，马尾藻还分布在世界各地的浅海水域和珊瑚礁边。图中的马尾藻漂浮在印度尼西亚的拉贾安帕特群岛周边。

在北大西洋中部有一大片平静、清澈、湛蓝的海域，被称为马尾藻海。这片平静的海域是金褐色海藻——马尾藻生长的理想家园。

马尾藻海海域之所以平静，源自马尾藻海处于洋流系统（环流）的中心。洋流将漂流的海藻带入平静的水域，使其得以茁壮成长。马尾藻还为蟹、鱼和小海龟等海洋生物提供了一个藏身之所，它们藏在这里可以躲避敌人攻击。

赤潮

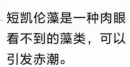

短凯伦藻是一种肉眼看不到的藻类，可以引发赤潮。

赤潮醒目的外表下危机四伏。赤潮多由微藻类暴发性急剧繁殖引起，发生赤潮时，海水呈红褐色。微藻类是一种微小、简单的生物，生活在海水和淡水中。当它们数量众多并急剧增殖时，就称为藻华。大多数情况下，藻华是有益的，它为许多海洋生物（如虾和水母）提供食物。但是，如果藻华失控，就会变得危险，可以毒死贝类和鱼类，如果人们吃了这样的海鲜，可能会得重病。

赤潮难以预测，幸运的是赤潮通常不会持续太长时间，一般从一天到几周不等。因为赤潮非常危险，科学家甚至会利用特殊的望远镜从太空中搜寻它们，警告人们，不要在赤潮附近水域捕鱼或游泳。

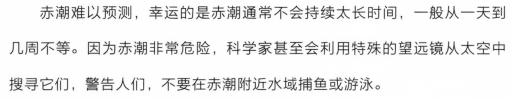

赤潮并不总是红色，也可以是棕色、锈橙色，甚至是绿色。

这是出现在澳大利亚昆士兰州卡奔塔利亚湾的邦蒂富尔群岛的藻华。

极地

南极和北极位于地球的南北两端，都是被冰雪覆盖的广袤、寒冷、空旷的地区。不同的是，北极是被陆地包围的海洋，而南极则是被海洋包围的陆地。

北极

北极点位于北冰洋，那里被移动的冰所覆盖，夏天融化，冬天结冰。与南极点不同，北极点没有一个固定的标记，因为那里海上的冰一直在移动，北极点距离格陵兰岛大约700千米。

冰藻

生长在海冰中的藻类称为冰藻，它们依靠从冰泡中获取液态水而成长。若海冰融化，冰藻会沉入海底，被动物和细菌食用。

埃里伯斯火山

在南极有山脉、山谷，甚至火山，如埃里伯斯火山——世界上最南端的活火山。在这里，你可以看到有气体从火山口冒出，那里是一个冒泡的熔岩湖。

韦德尔海豹在南极的海冰上生活和捕食。

南极哺乳动物

海豹是少数能生活在南极的哺乳动物。这里发现了多种海豹。它们生活在冰上，或环绕南极洲的小岛上。

北极哺乳动物

与南极洲不同，北极有许多哺乳动物，有北极熊、北极狐、北极驯鹿和北极狼等，它们都依靠厚厚的皮毛来抵抗严寒。

北极熊和它的幼崽在北极冰层上玩耍。

海冰

北极海冰的厚度约为 1.8 米。然而，在某些地区，海冰会压缩和堆积，形成超过原厚度两倍的浮冰群。

海冰是冻结的海水，厚层状漂浮在海洋上。

午夜阳光

北极和南极均有两个漫长的"季节"。在长达 6 个月的冬季里，白天几乎是黑暗的。而到了夏季，则一直亮着，太阳从不落山，一直低垂在地平线上。人们把午夜时分仍然会出现的太阳称为"午夜阳光"。

南极洲

南极洲是世界上最寒冷、最干燥、风力最强劲的地方，风速每小时可达 320 千米。因为该地区过于干燥，所以也被归为荒漠地区。这里的高寒环境使得人类不能永久住于此，尽管人类已在北极圈生活了数千年，但在南极，人们都只是短期的访客，包括研究人员、探险家和游客。

雪怪

马氏冷杉原产于日本。

就像从恐怖童话里跑出来一样，"雪怪"每年冬天都会出现在日本藏王山的山坡上。然而，我们根本不用害怕这些特殊的怪物，因为它们只是被雪覆盖的冷杉。

这些针叶树是常绿植物，针叶在冬天也不会掉落。从每年12月下旬到第二年3月中旬，来自北极西伯利亚的寒风会带来大量冰雪，积雪可能有成米深。由于风力强劲，形成的冰柱接近水平，树木就被一层层冰雪覆盖，最终形成了这些高大威猛的雪怪。

雪怪高达30米左右。

冰雪使冷杉树看起来
像是高耸在地上的怪物。

冰川

冰川慢慢向下移动，不停地重塑周边地貌。若冰川在移动过程中能够增加更多的雪和冰，它可能会升级，或者说规模变大。

冰川的最前端被称为冰舌。

象脚冰川宽 5.4 千米，可以从太空中看到它。

冰川是缓慢向前移动的冰冻河流，它的形成需要数千年时间。降雪层层堆积、逐渐压实成冰层，久而久之，最终形成冰川。如果气候变暖，冰川就会融化。冰川往往会从底部开始，自下而上消融，前缘向山坡退缩，因为较高的地方温度通常较低。如果气候持续寒冷，冰川会向山下推进，直到海边。

格陵兰岛有一处特别的冰川，形状酷似象脚，得名象脚冰川，属于山麓冰川。它最初为陡峭山谷中的冰，随后流入平坦的平原，最后伸展开呈扇形。

象脚冰川位于格陵兰岛的东北部。

海冰

冰山是从冰川临海一端破裂落入海中漂浮的大块淡水冰，与由海水结冰形成的海冰截然不同。冬天，北极和南极海域的气温很低，在含有盐分的海水表面，水会结成冰晶，而其中的盐则会沉入海洋。冰晶结合在一起，形成薄薄的冰层，就像纸张一样。渐渐地，冰层相互滑动结合成较厚的海冰，也叫浮冰群。

在冬季，海冰移动、碰撞并汇聚在一起，覆盖了大片海域，因此在数千米的范围内，海面看起来不是蓝色的，而是白色的。白色的海面就像一面镜子，将太阳辐射反射到大气中，有助于保持海洋和空气温度的正常。

冰山从陆地冰川上破裂下来。

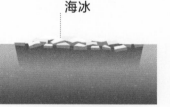
海冰来自海洋。

海冰为海豹、海象和其他极地动物提供了休息场所。

这些食蟹海豹
正在南极的海冰上休息。

条纹冰山

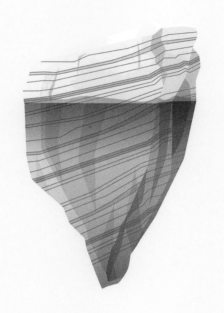

冰山露出水面的部分
只有大约八分之一，
其余部分都在水下。

这座巨大的冰山位于南极洲以北约 1000 千米处，高约 9 米，长约 45 米。不过，它上面的蓝色条纹或许比它的体形更引人注目。这些蓝色条纹是怎么产生的呢？这是由于冰缝隙中的水结成冰的速度太快以致无法产生气泡，而有气泡散射光线是冰山大部分呈现出白色的重要原因。

冰山是大块的淡水冰，它们从冰川上断裂，自由漂浮在开阔的海面上。有条纹的冰山被称为条纹冰山，条纹的颜色也并非只有蓝色。若冰川形成时顺着山坡穿过岩石、土壤或沙砾，在其底部就会布满泥土。泥土会使断裂出去的冰山呈现出棕色、黄色或黑色条纹。此外，生活在海洋中的微小藻类附着在漂浮的冰山上冻结后会呈现出绿色条纹。

这座条纹冰山出现
在非洲和南极洲之间的大洋上。

纯净的蓝色冰川冰坚硬无比，
像岩石一样，不易融化。

蓝冰

蓝冰中微小的白
色是其中的气泡。

在冰天雪地的南极洲，巨大的蓝色冰川浮现在海面上。冰川之所以呈蓝色，是因为一层层的雪压下来，把下面的雪压成冰，其中的气泡被挤出。冰被挤压得越实，气泡越少，看起来就越蓝。

冰呈现出蓝色，而不是红色或绿色等颜色，与光的传播方式有关。所有颜色的可见光混合在一起，就是白光。当白光穿过有气泡的冰时，冰会反射所有颜色的光，看起来就是白色。然而，在厚实的冰层中没有气泡，除了蓝色外，其他颜色的可见光都会被冰层吸收，因此冰山或冰川越大，其形成的时间就越长，压得也就越实，看起来就越蓝。

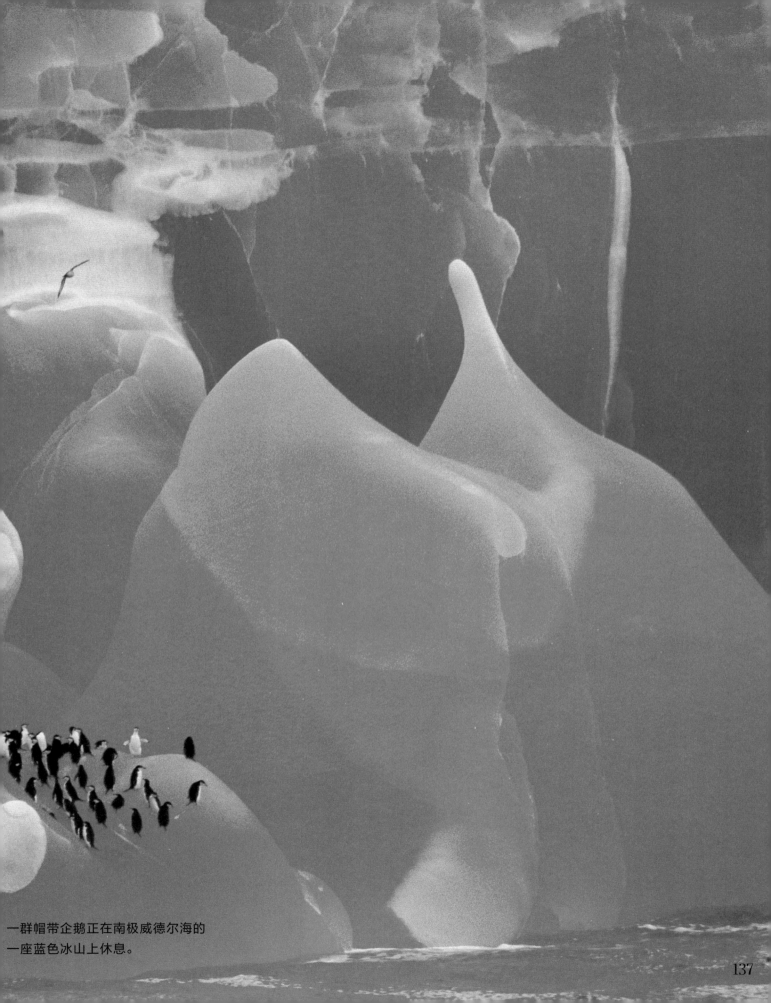

一群帽带企鹅正在南极威德尔海的
一座蓝色冰山上休息。

137

冰洞里的温度全年都保持在 0 摄氏度以下。

冰洞

俄罗斯西伯利亚的贝加尔湖有许多冰洞。贝加尔湖是世界上最深的淡水湖，拥有世界淡水总量的 20%。

冰洞在冬日的阳光下闪闪发光，令人目眩。实际上冰洞里一年四季都结着冰，即使在夏天或室外温度较高的时候，洞中的冰也能保持冻结状态。冷空气被困在洞里，暖空气无法进入融化里面的冰。

冰洞有多种形成方式。有些冰洞是在冰冻湖泊边缘形成的岩洞中发现的，如这个蓝色冰洞。有些冰洞曾经充满水，但现在冻结了。还有些冰洞是在熔岩通道内形成的：火山岩浆溢出后，会留下一条中空的通道，水流进通道结冰后会形成冰洞。在冰箱发明之前，人们曾利用冰洞来冷藏食物。

这个蓝色冰洞位于贝加尔湖，
每年 11 月至次年 3 月，会被厚厚的冰层覆盖。

瀑布结冰时，
可能会形成壮观的冰柱。

冰瀑布

瀑布很少会结冰，可一旦结冰，形成的冰雪图案则既美丽又复杂。虽然说水流缓慢的小溪更容易结冰，但湍急的水流也有结冰的可能，尤其是在寒冷多风的地方。那里流水温度非常低，会降至 0 摄氏度（即冰点）以下，并持续保持过冷状态。

过冷水冻结后，会形成一团团微小的针状冰晶，称为水内冰。水内冰不是在水面上形成的，而是向下沉降使水进一步冷却，从而长出更多冰晶。一旦一层冰形成后，更多的冰层就会堆积起来，从而形成冰瀑布。

这个壮观的冰瀑布
位于加拿大阿尔伯塔省
班夫国家公园的约翰斯顿峡谷。

1996 年，在澳大利亚出现了一次有记录以来最快的风，风速为 407 千米 / 时。

空气

空气就在我们身边，但我们看不到。不过，在有风的时候，我们能感觉到空气的流动。我们也经常能看到云朵。下雨时，我们知道原来空气中看不见的水正在落下，把我们打湿。我们呼吸的空气只是地球大气圈众多层中的一层。这是最靠近地球表面的一层，是我们生活的地方，这里有充足的氧气供我们呼吸。如果你爬上高高的山峰，那里空气中的氧气含量比较低，即人们常说的"空气稀薄"，登山者可能需要携带氧气瓶帮助呼吸。

一般的气象现象都发生在大气圈的最底层，如雨、雪和冰雹等。在阳光明媚的日子里，天空是蓝色的；下雨之后，也许会出现色彩缤纷的彩虹；当暴风雨来临时，你可能会看到闪电，听到雷声；在一些特殊地区，还可能会看到极光——仿佛绿色、蓝色、红色和紫色的窗帘在移动。

①冰岛柯克朱费尔山脉的北极光；
②美国堪萨斯州的龙卷风；
③阿根廷火地岛，一棵被风吹得变形的旗形树；
④冰晕。

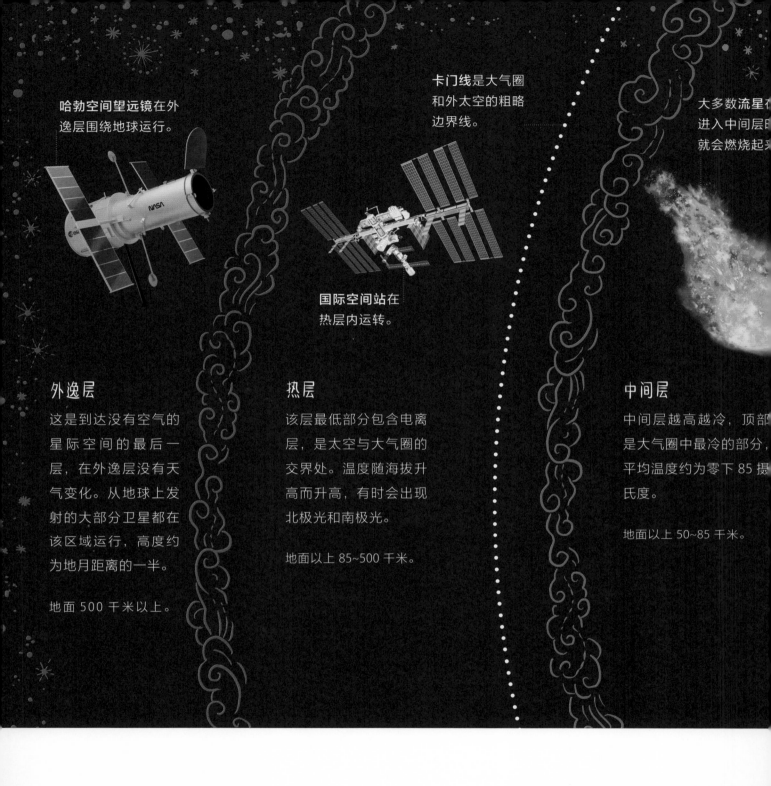

哈勃空间望远镜在外逸层围绕地球运行。

卡门线是大气圈和外太空的粗略边界线。

大多数流星在进入中间层时就会燃烧起来

国际空间站在热层内运转。

外逸层

这是到达没有空气的星际空间的最后一层，在外逸层没有天气变化。从地球上发射的大部分卫星都在该区域运行，高度约为地月距离的一半。

地面 500 千米以上。

热层

该层最低部分包含电离层，是太空与大气圈的交界处。温度随海拔升高而升高，有时会出现北极光和南极光。

地面以上 85~500 千米。

中间层

中间层越高越冷，顶部是大气圈中最冷的部分，平均温度约为零下 85 摄氏度。

地面以上 50~85 千米。

大气圈

地球受到大气的保护，大气使地球保持稳定的温度，并且阻挡太阳的有害光线。地球大气可分为五层。对流层离我们最近，提供了我们呼吸的空气。

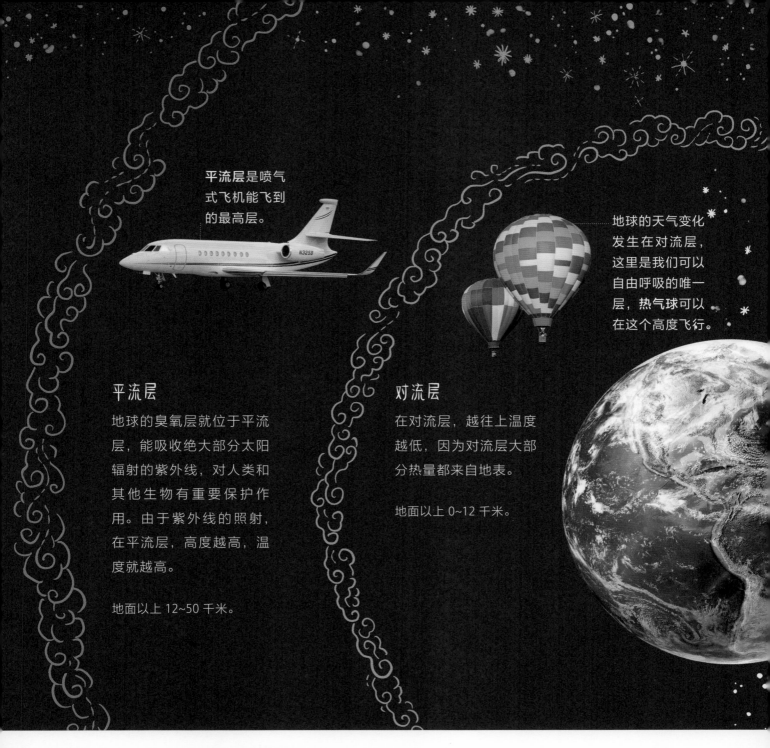

平流层是喷气式飞机能飞到的最高层。

地球的天气变化发生在对流层，这里是我们可以自由呼吸的唯一层，热气球可以在这个高度飞行。

平流层

地球的臭氧层就位于平流层，能吸收绝大部分太阳辐射的紫外线，对人类和其他生物有重要保护作用。由于紫外线的照射，在平流层，高度越高，温度就越高。

地面以上 12~50 千米。

对流层

在对流层，越往上温度越低，因为对流层大部分热量都来自地表。

地面以上 0~12 千米。

早期大气

地球大约形成于 45 亿年前。在最初的 5 亿年里，巨型火山喷发出水蒸气和其他气体，形成了古海洋和古大气。

火山喷发释放出大量二氧化碳，同时产生水蒸气，但几乎没有氧气。

随着地球冷却，火山释放出水蒸气凝结成水，汇成海洋。

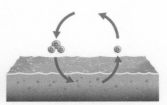

二氧化碳溶解在海洋中，随着植物和微生物的进化，它们吸收二氧化碳并释放氧气。

极光

从太阳发出的太阳风
到达地球大气时，会
产生极光。

在太空中环绕地球的航天员
能看到极光。

在夜幕降临时分，人们有时可以看到形状奇怪美妙和色彩斑斓的"幕布"在天空中移动。这样的奇观每次可持续约 30 分钟，这就是极光。极光只有在两极附近才能看到，在北极的被称为北极光，而在南极的则被称为南极光。

太阳风暴以带电粒子流的形式释放能量，当这些带电粒子流被地球的南北磁极吸引到达大气圈时，会在天空中显现五颜六色的图案。红色和绿色是由氧气产生的，而紫色和蓝色则是由氮气产生的。

北极光照亮了挪威罗弗敦冰冻湖面的上空。

新西兰斜坡点的这些树长不直，
因为风总是从同一个方向吹来。

风

暖空气上升，冷空气
下降，这便是风的形
成原因。

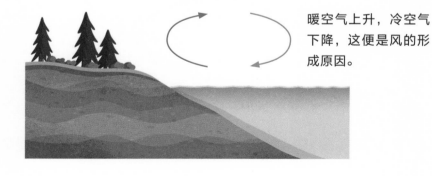

南极洲是全球风力最大的区域，
风速高达每小时 320 千米。

空气不会一直静止不动，空气流动便形成了风，陆地、海洋和空气的温度变化共同影响着风。温度升高，空气上升；温度下降，空气下沉，流向暖空气下方。若是在室外，你既可能享受到微风拂面，也可能有机会在大风中放风筝。

风云变幻，雨雪交替。强风可以引起风暴，甚至龙卷风和飓风。有些地方的风非常猛烈，并且持续时间久，甚至可以改变树木的形状，迫使其向一侧生长，上图的树生长在新西兰最南端的一个名叫斜坡点的地方。

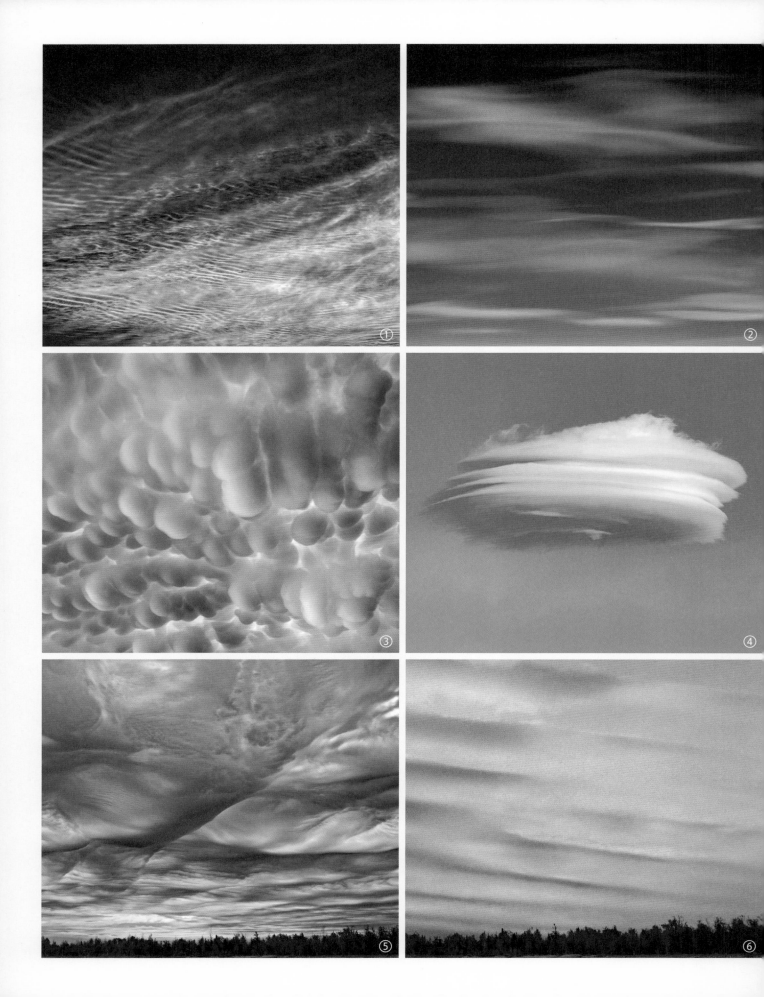

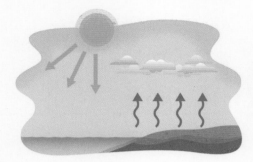

水蒸气上升到高空凝结成小滴，就会形成云，因为冷空气不像暖空气那样可以容纳大量水分。

云

云有各种形状和大小，通常形成于地球大气的最底层，即对流层。它们看起来各不相同，主要取决于距离地面的高度和风吹的方式。在高层，夜光云一般在温暖的夏日傍晚日落后出现；粉红色的珠母云只有在极地才出现。在中层，看起来向下沉的乳状云，通常是雷雨天气来临的标志；荚状层积云，或者说盘状透镜云也出现在这一层，它们像薄饼一样叠置在空中，往往出现在山区附近。另外，在天空的较低层，可以看到波纹状的糙面云，还有常见的白色松散层积云。

透镜云可能会被误认为是飞碟。

①发光的夜光云；
②五颜六色的珠母云；
③圆润的乳状云；
④薄饼状的透镜云；
⑤波纹状的糙面云；
⑥松散的层积云。

积雨云

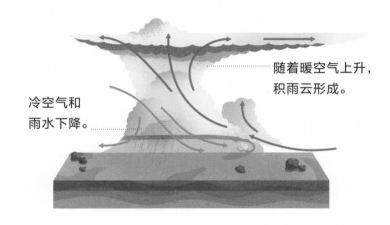

随着暖空气上升，
积雨云形成。

冷空气和
雨水下降。

在阳光照射下，可以清楚地看到乳状云，
它们在云的底部平均下沉约 0.5 千米。

积雨云也被称为云之王，看起来像高耸的高塔。它们是唯一一种可以产生雨、冰雹、雷电的云。

通常，积雨云的底部是平的，但有时底部会冒出像装满水的悬挂的气球，这些沉重的球形挂袋被称为乳状云。当它们饱含水分，变得过重，雨水就会落下，暴风雨随之暴发。

乳状云的球形挂袋直径可达3千米。

雨

阳光将湖泊和海洋中的水加热蒸发到空气中。

水汽冷凝后形成云，水蒸气足够多的时候通常会产生降雨。

尽管地球表面大部分被水所覆盖，但大多是盐水，我们无法直接饮用。因此，雨水带来的淡水对地球上的生命至关重要，降雨形成河流和湖泊，这样才使得动植物生存下来。

在温暖的气候条件下，雨由云层中聚集的小水滴形成。若水滴足够大，就会变成雨滴降落。小水滴比大水滴降落得慢，若水滴特别小，小于 0.5 毫米，就是毛毛雨。毛毛雨降落的速度非常慢，通常在到达地面之前就已蒸发掉。在寒冷的气候条件下，云层中的冰晶可能会结合在一起形成雪花，它们也会融化并变成雨滴。降雨少会导致干旱，但雨水过多则可能导致洪水泛滥，尤其是在地势平坦的低洼地区。

一个雨滴落地大约需要两分钟。

英国林迪斯法恩岛附近
北海上空的蘑菇云和伴随的强降雨。

龙卷风中旋转上升的暖空气与下降的冷空气相遇。

龙卷风的高度可达 1.6 千米。

龙卷风

龙卷风也叫旋风或龙卷，是一种强大的旋转风柱，所到之处一片狼藉。强劲的龙卷风可以卷起尘土、垃圾、树木和汽车，甚至可以掀翻屋顶。旋转时的风速可达 500 千米 / 时，绵延 3 千米以上，沿地面移动可超过 100 千米。

龙卷风通常在暴风雨天气下形成。在积雨云中，暖湿气流上升并与冷空气相遇，冷空气下降形成雨水或冰雹。移动的冷暖气流可以绕圈旋转，若旋转气流上下来回循环，将云层与地面连接起来，就会形成漏斗形的龙卷风。

龙卷风通常发生在宽阔、平坦的区域，图为美国科罗拉多州的龙卷风。

加拿大的格兰德班克是世界上
雾出现最频繁的地区，每年雾天超过 200 天。

雾

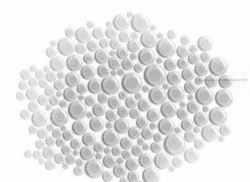

雾是由大量
微小水滴形成的。

你知道吗？你行走在雾中，其实就相当于行走在云中。简单来说，地上的雾就是接触地面的云。空气中通常含有一些水蒸气，但那是一种气体，你看不到。湿空气中含有大量水蒸气，让人感觉潮湿。傍晚时分，如果暖湿气流被寒冷的地面冷却，水蒸气就会变成小水滴。当小水滴多到一定程度时，就形成了雾。

地面上的雾出现在早晨，常见于避风山谷和低洼田野，随后会因为太阳的照射或风雨的作用而消散。

弥漫在新西兰霍克湾特马塔峰的大雾。

冰雹

冰雹就是冰块，当水在积雨云顶部附近结冰时就会形成冰雹。水滴被上升气流和下降气流携带着反复上下移动，每循环一次，就会增加一层冰，就这样冰雹逐渐增大。冰层可能是不透明的，也可能是透明的。若冰冻速度快，新冰层就不透明，因为空气还来不及逸出；若结冰速度较慢，则冰层基本透明。

冰雹过重，上升气流无法支撑时，就会从云中落下。如果它们快速降落以致来不及融化，我们就能在地面上看到冰雹。多数冰雹只有豌豆大小，下落速度约为 16 千米／时，但也有大一些的冰雹，下落速度也会更快。

冰雹可以达到西柚大小，
以每小时 160 千米的速度坠落。

这是一张冰雹的特写照片，清晰地显示了不透明的中心和外围透明的包含大量气泡的冰。

冰暴

冰的密度是湿雪
的 10 倍。

与暴风雨不同，冰暴异常安静，但它很危险，可能致命。冰暴也被称为"釉面事件"，非常寒冷的雨水洒落在物体上，形成一层冰壳，像银白色的涂层或釉面。雨水并没有被冻结，但由于过冷，当它落到更冷的地方就会冻结成一层冰，比如落在树或金属电线上。

随着积累，冰层会变得非常重，结果造成巨大的破坏。起初看起来非常漂亮的树木和树枝会折断；电线也会断裂，导致热力或电力系统瘫痪。1964年12月，在美国纽约发生的冰暴是有记录以来最严重的冰暴之一，当时冰层厚度接近4厘米。

图为冰暴过后被冻结的野花。

雪花

飘落到地面的雪花看起来是白色的，
但它们实际上是无色的。

六角大雪花形成于
冰冻云层中。

较小的雪花有六个简
单的棱角，来自较冷
的云层。

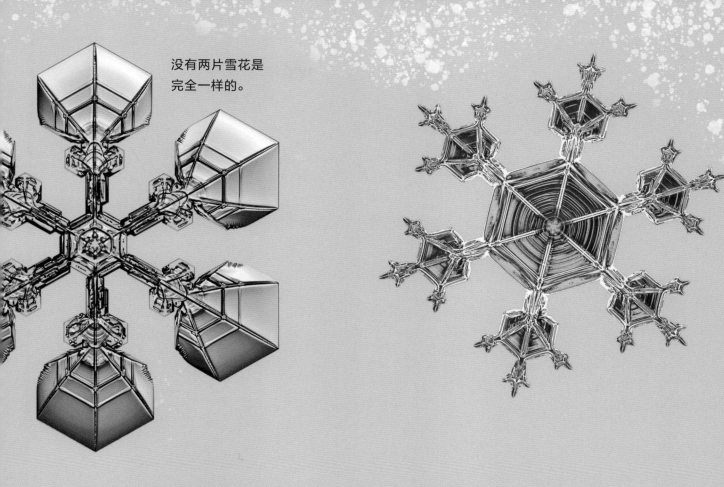

没有两片雪花是
完全一样的。

天气 寒冷时，高空云层中的水滴会凝结成冰晶。这些冰晶结合在一起会越变越大，到一定程度就会从云层中飘落下来，成为雪花。

雪花看起来就像蓬松的白色碎屑，但在显微镜下观察，每一片雪花都有自己独特的图案。最初，雪花是一个小六边形，但它们到达地面的路径各不相同，在这个过程中要经受不同的温度和湿度的影响，结果就形成了不同的雪花。

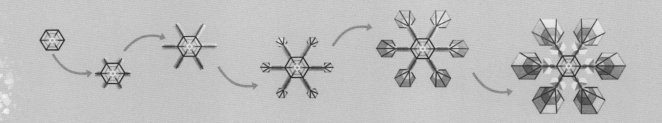

英国科学家艾萨克·牛顿
首先描述解释了彩虹的形成原理。

彩虹

像弓一样的弯曲
形状称为弧形。

你是否见过天空中的彩虹？有没有想过它为什么会出现在那里？我猜你可能注意到了云和阳光，这是因为要形成彩虹，太阳光需要穿过水滴，比如云、瀑布或海浪中的水滴。

阳光由不同波长的光组成，每种波长的光都有一种颜色，但当这些颜色混合在一起时，就会产生白色的阳光。阳光穿过雨滴时会弯曲，与穿过玻璃类似，会分离出彩虹的七种不同颜色。从外侧到内侧，颜色顺序始终是红、橙、黄、绿、蓝、靛、紫。

当你看到一道彩虹时，太阳一定在你身后，而降雨在你面前。这道令人震惊的彩虹出现在南大西洋上空，远处是南乔治亚岛的山脉。

167

虹和日晕

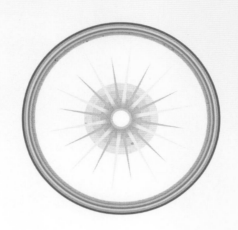

实际上，所有的虹都会划出一个完整的圆，但人们通常只能看到弧形或半圆，其余部分在地平线之下。

你知道除了因雨水形成的彩虹之外，在天空中还会出现其他类型的虹吗？雾虹是由雾中的微小水滴散射出的光形成的，通常在天空中呈现白色或非常微弱的颜色。这是因为雾中的水滴太小，无法使阳光产生足够弯折从而清晰地分离出不同的颜色。当阳光被天空中的冰晶反射时，就会形成一个白色或彩色的虹或光圈，即为冰晕或日晕。月虹则有所不同，是由月光照在水滴上所形成的，而且只出现在夜晚。

公元前 350 年，
希腊哲学家亚里士多德首次观察到月虹。

①挪威斯瓦尔巴群岛的雾虹照耀着海冰；
②德国萨克森州冬季太阳周围形成的日晕；
③夜晚月亮周围的双虹。

永恒风暴

卡塔通博闪电产生的电能足以
点亮 1 亿盏电灯。

突如其来的闪电照亮了天空，一次又一次地将黑夜变成白昼，犹如太阳照在委内瑞拉马拉开波湖湖面上，这就是卡塔通博闪电。"卡塔通博"在住在湖边的巴里人的语言中有"雷声之家"之意。这种闪电发生在卡塔通博河口的马拉开波湖，每分钟约 28 次，持续时间可长达 9 小时。

这一奇特自然现象与马拉开波湖独特的地理位置有关，这里四面环山，只有一条狭窄的通道通向加勒比海。在夜晚时分，来自大海和湖泊的暖空气在强风的驱使下上升，与冷空气相撞，产生闪电。当旭日东升，新的一天开始，一切又恢复了平静，直到下一场闪电风暴降临。

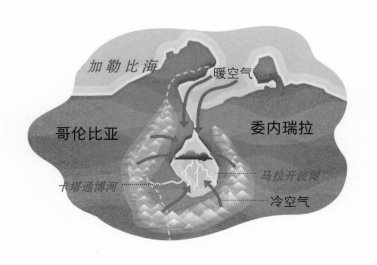

卡塔通博闪电
也被称为马拉开波灯塔，
水手们依靠它指引方向。

泥裂块一般呈五
边形或六边形。

泥裂

现存地球上最古老的泥裂已有
超过 10 亿年的历史了。

若一个地区很久不下雨，会出现干旱。湖泊、河流中的水逐渐变少，

甚至可能完全干涸。在有些地方，淡水资源匮乏，人们修建水库来蓄水。

若水库也干涸了，人们将面临缺水问题，农作物也可能无法存活。

在炎热干燥的天气里，潮湿的地面会干裂，形成泥裂。裂块的形状一

般为多边形，形成的图案非常奇妙。泥裂从地表向下变干，因此裂缝顶部

较宽，底部较细。地质学家可以利用泥裂来确定岩石的相对年龄。泥裂顶

部以上的岩石相对较年轻，而底部以下的岩石则相对较古老。

土耳其布尔杜尔湖
干涸开裂的湖床。

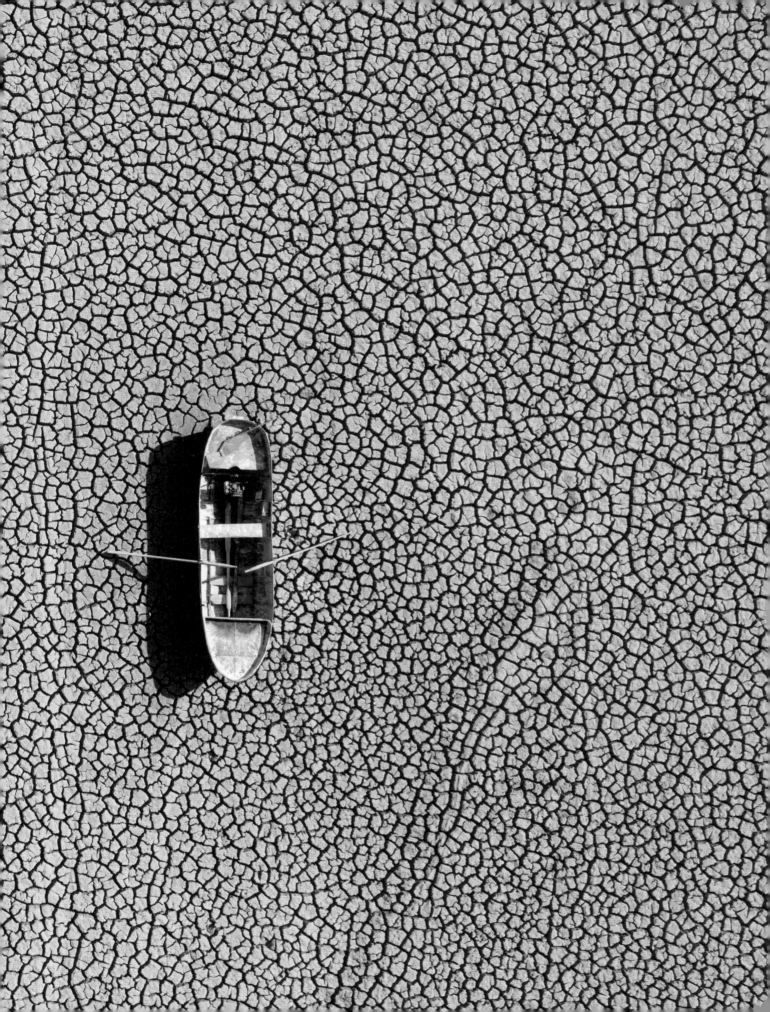

地貌景观

如果你能够从地球"顶部"向地球"底部"旅行，你将会邂逅许多不同的地貌景观和气候。你可以从北极地区开始，那里天寒地冻，一路向赤道方向，天气会越来越热，地貌也会发生变化。沿途，你会看到草原、低矮灌木、高大乔木以及温带和热带森林，还可能有沼泽、湿地、被洪水淹没的土地，甚至是填海造出来的土地。

不仅仅植被在变化，地貌景观也随之变化，有高山、沙漠、丘陵和峡谷。在地球"底部"，天气又会变得寒冷，地貌也会再次变化，直到你到达冰天雪地的南极。天气会改变地貌，在风化作用和侵蚀作用下，岩石碎片会沿着山谷向山下和海洋方向移动。

即使是沙漠景观，也会有很大的不同，
比如北非撒哈拉沙漠的沙丘和莫哈韦的仙人掌树。

①秋天的树木；
②危地马拉阿卡特南戈的森林；
③摩洛哥撒哈拉沙漠的厄尔切比沙丘；
④蒙古国戈壁滩上的骆驼。

全世界已知的
动植物物种有一半以上
发现于热带雨林。

山地

山地寒冷多风，往往陡峭多
石，山越高，风也越大。

极地

北极和南极是地球上最寒冷
的地区，这里通常被冰雪覆
盖，很少有植被生长。

生物群系

在地球上具有相似气候和植被并且
有特定的动植物生活的区域，被称为生物群
系或栖息地。地球上从干燥的荒漠到绿色肥
沃的热带雨林，可分为 10 个生物群系。

- 山地
- 极地
- 苔原
- 泰加林
- 荒漠
- 热带雨林
- 热带草原
- 地中海型气候带
- 温带草原
- 温带森林

温带森林

温带森林四季分明，气候温
和。这里生长落叶树，如橡
树，冬天会落叶。

温带草原

这里长满草和灌木，在北美洲叫
北美草原，在南美洲叫南美草
原，而在亚洲叫欧亚大陆草原。

苔原

一年里的大部分时间，苔原
永久冻土一般坚硬，耐寒
灌木、草和苔藓生长于此。

泰加林

寒冷的泰加林中冬长夏短。
其中的针叶树得名于它们的
针形叶子。

荒漠

在干燥的荒漠里，动植物很
少。有些荒漠炎热且阳光充
足，极地荒漠却非常寒冷。

热带雨林

热带雨林温暖而潮湿，几乎
每天都在下雨，树木很容易
在这里生长。

地中海型气候带

地中海型气候带夏季炎热干
燥，冬季温暖多雨，这里多
为森林和灌木丛。

热带草原

也叫热带稀树草原，干燥的
草地上长满了高矮草丛，很
少有树木。

热带荒漠

绿洲是热带荒漠中的生命之源，植物在此生长，动物来此喝水。

撒哈拉沙漠占了非洲近三分之一的面积。

从名字就可以看出，热带荒漠不仅干燥，而且非常炎热，白天温度可达 40 摄氏度以上，而晚上又会非常寒冷，气温骤降至 0 摄氏度以下。

大多数热带荒漠都靠近赤道。撒哈拉沙漠是全球最大的热带荒漠，横跨北非；在非洲还有全球最小的热带荒漠之一——纳米布沙漠。或许你认为热带荒漠只有沙子和沙丘，但其实有时也会形成山脉和山谷，地面上覆盖着大石头或小石头。有时穿越贫瘠的荒漠后，可能还能见到肥沃的绿洲。

一只单峰驼站在北非撒哈拉沙漠的
厄尔切比沙丘上，这些沙丘是沙粒
在风的作用下堆积形成的。

寒漠

在戈壁荒漠中生长着沙棘灌木丛，它们的树干和树枝常常被风吹弯，变成各种形状。

也许有些出人意料，但不是所有荒漠都炎热。事实上，世界上最大的荒漠是寒漠——南极，那里甚至没有沙子。荒漠是指年均降水量少于 25 厘米的任何地方，包括北极和南极。

另一处巨大的寒漠是中亚的戈壁，与北极和南极荒漠有所不同，这里的确有一些沙子，不过大部分是碎石。在戈壁中有一处非常特殊的区域——干葛恩沙丘，被白雪覆盖，绵延近 1000 千米，高达 300 千米。

干葛恩沙丘被称为"会唱歌的沙丘"，
风吹过沙丘时会发出声音。

双峰驼是极少数能够生活在戈壁中的动物之一。

在埃及法拉夫拉的白色沙漠中，
蘑菇石为白色石英砂岩或白色
石灰岩。

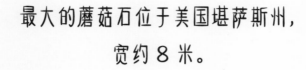

最大的蘑菇石位于美国堪萨斯州，
宽约 8 米。

蘑菇石

沙漠中的岩石在风蚀作用下形成许多不同形状。

尖塔　　拱门　　　　　孤峰

在数百万年前，埃及这片白色沙漠还是一片汪洋大海，这也许会让人费解。海水干涸后，数百万海洋生物尸体钙化，硬化后变成碳酸钙，从而形成广阔的石灰岩平原。

　　沙漠的风携带大量的沙子不断地侵蚀着岩石，久而久之，"雕琢"出了奇形怪状的岩石，如蘑菇石。这类奇石的形成主要是因为其底部的岩石比顶部的岩石软，相对更容易被侵蚀掉。

石榴子石砂

沙滩通常形成于避风的海湾，海浪相对温和，沙子逐渐堆积，不被冲走。

砂

说到砂，我们可能会想到金色的沙滩或沙漠，这类砂主要为圆形的石英颗粒。然而，根据岩石的类型和岩石中所含矿物质的颜色，砂可以有多种颜色。若是黑色的玄武岩，就会形成黑色的砂。若是橄榄石矿物，就会形成绿色的砂。在印度和西班牙的部分地区，可以见到由变质岩中的红色石榴子石形成的红色沙滩。许多美丽的白色沙滩主要是珊瑚和贝壳碎屑，而夏威夷的白色海滩则不同，是鹦嘴鱼的粪便。

矿砂

贝壳砂

火山砂

沙漠砂

橄榄石砂

砂粒的直径一般为 0.06~2 毫米。

喀斯特

雨水渗入柔软的石灰岩后不断地对其溶蚀。

随着越来越多的水聚集，石灰岩中的裂缝越来越宽，形成了地下河流和溶洞。

洞顶坍塌，海平面上升对其基面进行侵蚀，最后留下现今所看到的喀斯特地貌。

有一类非常奇特的地貌，由石灰岩山丘、山谷和平坦的平原组成。这类地貌就是喀斯特地貌。这个名字取自欧洲平坦的喀斯特高原，该高原覆盖了斯洛文尼亚和意大利的部分地区。然而，全世界规模最大、最引人注目的喀斯特地貌位于中国南方，那里有大片尖塔状石灰岩丘陵。

喀斯特地貌之所以奇特，是因为石灰岩是一种松软的岩石，很容易被风雨侵蚀，形成令人惊叹的岩层。雨水快速渗入松软岩石的裂缝，对其进行溶蚀，在地表形成坑洞。随后，雨水继续向深处流，形成地下河和溶洞。有时，人们会在这样形成的水坑、洞穴水池和地下溪流中游泳。

中国南方的喀斯特地貌景观形成于 2.5 亿多年前。

中国广西的喀斯特山丘。

热带
稀树草原

世界上有些地方过于炎热干燥，无法生长茂盛的绿色森林，但降雨量足够阻止它们变成沙漠，这些地方就是热带稀树草原。在这里，大部分植物都是草类，还有一些灌木和树木点缀其间。这里的天气以温暖干燥为主，不过也有雨季。世界各地的热带地区都有稀树草原，但大部分在非洲。非洲稀树草原养育着成群的动物，如长颈鹿、斑马、大象和瞪羚，还有犬羚——一种小型羚羊。

犬羚生活在非洲东部
和南部的草原上。

非洲大陆近一半的面积
被热带稀树草原所覆盖。

斑马在非洲稀树草原上吃
草，周围生长着高大的金
合欢树。

189

"温"意味着"温和""不极端"。

温带森林

温带森林四季分明：冬季白雪皑皑，春季百花齐放，夏季绿树成荫，秋季一片金黄。这些森林处于南、北半球各自极圈与回归线之间，既不会太热，也不会太冷。这儿的树木为落叶树，每年都会落叶。

在栎树、白蜡树和山毛榉等树下多是些蕨类植物和苔藓。到了春天，森林里可能遍地是蓝铃花；而到了秋天，长满真菌，人们可以在这里挖蘑菇。

美国新罕布什尔州的怀特山上，
落叶树秋天呈现出红色、棕色和橙色。

彩虹桉的树皮最内层为绿色，
其他不同颜色则因其暴露在
空气中的时长不同而呈现。

彩虹桉每年可以生长约1米。

彩虹桉

彩虹桉主要生长在印度尼
西亚、巴布亚新几内亚和
菲律宾的热带雨林中。

美丽的彩虹桉是热带雨林中唯一的桉树，生长速度快，可以长到

75 米高，相当于 20 层楼。

1850 年，人们在印度尼西亚首次发现并命名了彩虹桉。之所以拉丁名

为 *Eucalyptus deglupta*，与其独特的树皮有关，deglupta 为"剥落"之意。

从外表看，树皮是橙色的，然而随着树木的生长，会呈条状剥落，逐渐显

示出红、橙、黄、绿、蓝、紫等彩虹色。

云雾林

小尖吻浣熊被发现于 2013 年，生活在哥伦比亚和厄瓜多尔的云雾林中。

热带雨林大多生长在地势较低的地方，而云雾林则生长在高山上，常年被云雾笼罩。这里形成了特殊的潮湿环境，孕育了独特的动植物种群。

云雾林中的树木不仅通过根部吸收水分，还利用叶子吸收水分。云层中的水汽非常多，水滴（即雾滴）会落在树叶上，将其打湿。没有被树顶叶子吸收的水会滴落下来，被其他叶子吸收，而剩下的水则会浇灌森林底层的植物。

云雾林只占地球森林的 1%。

这是厄瓜多尔西北部的一片云雾林。

泰加林

这种坚韧的小云莓生长在世界各地的泰加林中。

泰加林在俄语中意为"针叶树的土地"，是寒冷而孤独的地方。它们也被称为北方针叶林（boreal forest），以希腊寒冷的北风之神波瑞阿斯（Boreas）之名命名。

泰加林仅分布在北半球，北界进入冰冷的北极地区，包括北美洲北部、斯堪的纳维亚半岛和俄罗斯。在这些地区，漫长的冬季持续大半年，气温通常在 0 摄氏度以下，而且会下大雪；夏季短暂，温暖湿润。泰加林里的树木主要是针叶树，包括云杉、冷杉和松树等。它们长着坚韧的针叶，可以在严寒中生存。

地球上大约三分之一的森林是泰加林。

这片被白雪覆盖的针叶林位于加拿大魁北克省。

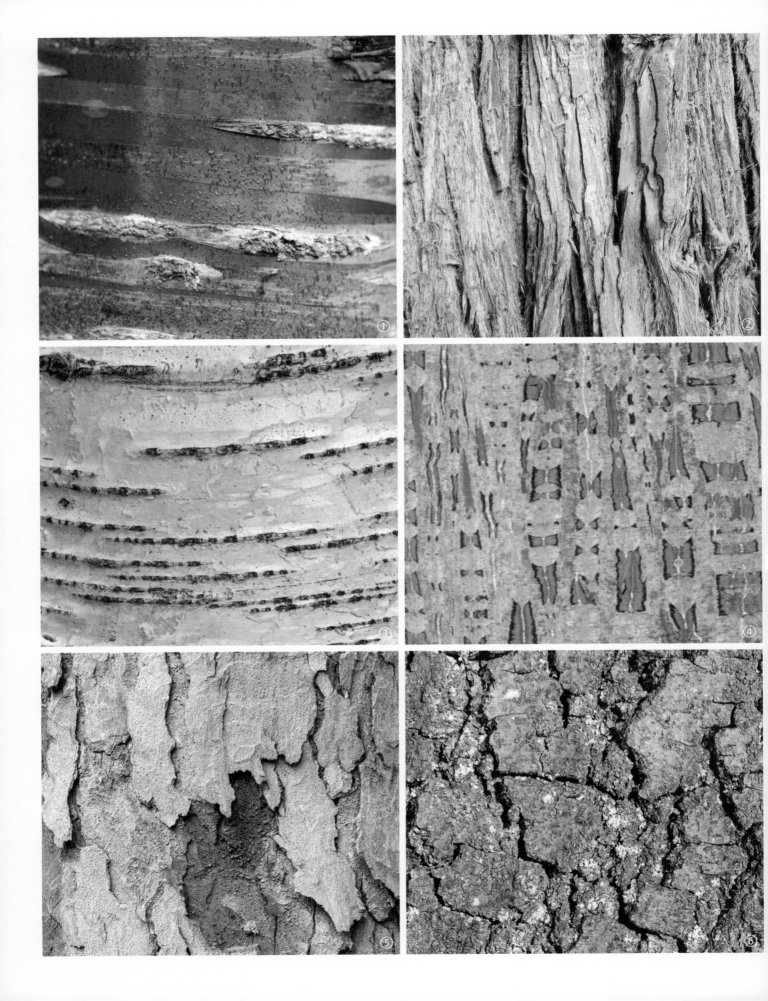

林木

林木是乔木的统称，它们的大小和形状各不相同，但为了争夺光照，它们都需要长得很高。世界上最粗的树是美国加利福尼亚州的一棵巨杉，名为"谢尔曼将军"，树干直径约10米。世界上最高的树是它的近亲北美红杉，高达116米。

人们可以通过树形、树叶，以及树皮的颜色、花纹和触感来判断树的种类。树皮在保护树木免受昆虫和真菌侵害方面起着重要作用，还能防止树木干枯。幼树的树皮光滑，随着树龄的增长，树皮会出现裂纹和剥落，形成各种奇妙的纹理和颜色。

世界上已知最古老的树是一棵狐尾松，叫玛士撒拉，生长在美国的怀特山脉，树龄超过4850年。

树木的根系发达，不仅可以固定树干，还可以从土壤中吸收水分和养分。

树皮的颜色和纹理各不相同，图为六种落叶树的树皮：
①中国西藏的野樱桃；②红杉；③白桦；④枫树；⑤法国梧桐；⑥山毛榉。

苔原覆盖了地球陆地的 20%。

苔原

北极柳是为数不多的
能在苔原上生存的显
花植物之一。

苔原的英文 tundra 源自芬兰语 tunturia，意思是不毛之地或没有树

木的山丘。确实如此，在一年中的大部分时间里，苔原地貌都是荒凉冰冻

的，即使有一层薄薄的土壤解冻，也无法生长树木。

北极苔原分布在北极附近地区，包括美国的阿拉斯加、冰岛和俄罗斯

西伯利亚，这类贫瘠无树的地貌景观因其在夏季的几个月里会出现多边形

图案而备受瞩目，它们是由冰冻或岩石地面上薄层潮湿的土壤反复冻结和

融化形成的。永久冻土层阻止了水分的排出，地面上的裂缝冻结，再融化，

水便聚集在多边形水池中。

热带湿地

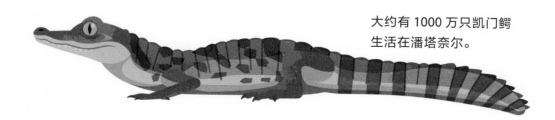

大约有 1000 万只凯门鳄
生活在潘塔奈尔。

潘塔奈尔的英文 Pantanal
源自葡萄牙语 pântano，意思是"大沼泽"。

在雨季，潘塔奈尔的热带湿地覆盖了巴西、玻利维亚和巴拉圭的部分地区。

至少在一年中的大部分时间里，南美洲潘塔奈尔是世界上最大的淡水热带湿地。在雨季（11月至次年3月），热带雨林的暖湿气流从周围的山脉吹来，雨水将整个地区淹没，水位上升，草原被浸湿，沼泽和潟湖逐渐形成。

洪水使得潘塔奈尔的土壤变得非常肥沃，近5000种动植物生活在这里。3月以后，潘塔奈尔开始逐渐变得干燥，随之土地变多、水变少。池塘也变小了，迫使鱼儿相互更加靠近，鸟儿成群结队地去捕捉它们。随后到了旱季，曾被洪水淹没的肥沃土壤上又长出了青草。

红树林沼泽

红树科植物属于
盐生植物。

大约有 120 种
不同的红树科植物。

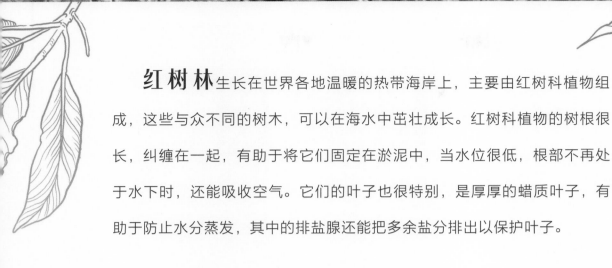

　　红树林生长在世界各地温暖的热带海岸上，主要由红树科植物组成，这些与众不同的树木，可以在海水中茁壮成长。红树科植物的树根很长，纠缠在一起，有助于将它们固定在淤泥中，当水位很低，根部不再处于水下时，还能吸收空气。它们的叶子也很特别，是厚厚的蜡质叶子，有助于防止水分蒸发，其中的排盐腺还能把多余盐分排出以保护叶子。

　　慢慢地，红树林的根系逐渐伸展开来，形成绵延不断的"森林"，保护这些区域免受沿海风暴的侵袭。许多动物在这里安家，它们在树根和树枝间攀爬、在水中游泳，或者把自己埋在泥沙里。

这片红树林沼泽位于
多米尼加的洛斯海提斯国家公园。

水稻梯田

在一些地方，一株水稻从种子到成熟需要 5 个月，之后就可以准备收割了。

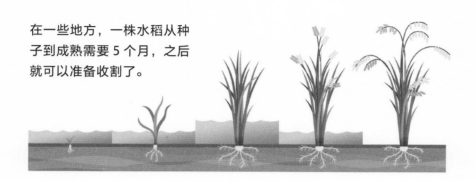

这些美丽的绿色水稻梯田位于菲律宾吕宋岛的山坡上，由在那里生活了数千年的伊富高人所建造。伊富高人的村落就在梯田间，那里有村民的房子和粮仓。

由于山坡过于陡峭，无法种植农作物，伊富高人就用石头或泥土砌成了阶梯状的梯田，用于种植水稻。下雨时，山顶森林里的水沿着渠道被引下山，流入水塘，为梯田提供水源。村民们年复一年地认真料理着池塘、梯田和水渠，这样每年都能收获足够的稻米。这些事务被一代代传了下来，并且还将继续传下去。

吕宋岛的梯田已有 2000 多年的历史。

图为吕宋岛北部巴塔德村的伊富高梯田。

在围垦系统中，人们挖沟渠来排水和开垦土地。过去，人们曾用风车来抽水，现如今电动泵更常见。

围垦土地

"荷兰"的荷兰语名称的意思是"低洼之国"，正如其名，这个欧洲国家的大部分地区都接近或低于海平面。因此，荷兰一直面临着被海水淹没的风险。大约 2500 年前，生活在该地区的人们为了保持干燥，堆起土堆来建造房屋。为了保证土堆的安全，他们在土堆周围筑起了小墙，即堤坝。后来，他们把其中的水抽干，用风车沿着运河抽水，这片新开垦的土地被称为圩田。事实上，这种做法一直沿用至今，如今有电泵、堤坝、水坝和风暴潮屏障，共同保护着圩田。

荷兰大约有 20% 的土地是
从海洋中围垦出来的。

沃尔默圩田
在荷兰阿姆斯特丹以北 19 千米。

词语表

变质岩 岩石在内动力地质作用影响下发生结构、构造和矿物组成等改变而形成的岩石。

冰川 在冰冻的冰河上堆积的雪层，在自身重量的作用下向下移动。

冰晕 阳光被冰晶反射到天空时产生的白色或彩色光晕。

糙面云 波浪起伏的低空云层。

层积云 常见的云，呈灰色或灰白色的团块状或波状结构。

沉积岩 由沉积物经压实、硬化和胶结形成，如石灰岩和砂岩。

大陆地壳 构成大陆陆地和周围浅海大陆架的岩石层。

大气圈 围绕地球的一层混合气体。

大洋地壳 海洋下面的地壳。

地核 主要由镍和铁构成，地球的固态内核被液态外核所包围。

地壳 地幔之上、地球固体圈层的最外层，分为大陆地壳和大洋地壳。

地裂缝 地面变形而开裂的现象。

地幔 介于地壳和外核之间的区域。

地热 地球内热活动产生的热。

地震 地面的震动，天然地震可发生于两个地球板块相互移动时产生的压力释放。

地质学家 研究地球的起源、结构和组成物质的科学家。

洞穴化学淀积物 在洞穴中形成的天然岩层，如石笋、石钟乳。

断层 断裂面两侧岩块沿断裂面发生显著相对位移的构造。

断块山 地壳断裂上升所形成的块状山体。

对流层 地球大气圈的最底层。

方解石 在沉积岩和变质岩中发现的一种无色透明或白色的矿物。

风化作用 地球表面的岩石在原地被冰、风、水、热和化学物质侵蚀破碎或分解的现象。

过冷 液体的温度降至冰点以下而不变成固体的状态。

海啸 由海底地震或海底滑坡等引起的巨浪。

合金 由一种金属元素跟其他金属或非金属元素熔合而成的、具有金属特性的物质。

火成岩 由凝固的岩浆形成的岩石。

火山口湖 圆形火山口内积水形成的湖泊。

积雨云 唯一一种能产生降雨、冰雹、雷鸣和闪电的云。

矿石 可提取出有用成分的岩石。

流星 流星体一般由岩石组成，在穿越地球大气时通常会燃烧殆尽。

落水洞 经雨水冲刷侵蚀软岩，在其表面形成的洞。

落叶树 季节性落叶的乔木或灌木。

绿洲 炎热干燥的沙漠中的水源地。

莫霍面 地壳和地幔之间的边界。

莫氏硬度 用于测量矿物的相对硬度，由弗里德里希·莫斯提出。

牛轭湖 当一条河从主河上被截断时留下的 U 形湖泊或水域。

破火山口 火山爆发形成火山口后，由于后期自然或人工的破坏而形成的火山口。

气囊 海藻叶子上的充满空气的囊状物。

侵蚀作用 岩石或土壤在水、风或冰的作用下逐渐崩解和流失的现象。

热液喷口 深海海底的裂缝，通常在火山活动附近的，有炙热、富含矿物质的流体逸出。

乳状云 球状的中层云，通常是雷雨天气的标志。

三角洲 河口地区呈三角形的冲积平原。

山麓冰川 在山脚延伸开来的扇形冰川。

生态系统 共同生活在特定环境中的所有动植物与环境形成的统一整体。

水内冰 由过冷水内微小针状冰晶组成。

透镜云 在天空中堆积起来的圆盘状云层，常常出现在山区附近。

微藻 单细胞或数个细胞组成的微小藻类。

雾滴 悬浮在近地面空气层中的小水滴或小冰晶。

雾虹 阳光被雾中的微小水滴散射，呈现白色或彩色光环的现象。

漩涡 螺旋形水涡。

岩浆 在地幔和地壳中自然形成的高温熔融物质。

洋中脊 海底山脉，这里是新生大洋地壳形成的地方。

夜光云 在温暖的夏日傍晚，日落后出现的高层云。

永久冻土 常年冰冻的土层。

月虹 月光照射在水滴上形成的光现象，仅在夜间出现。

陨星 降落在地球上的流星残骸。

藻华 水体中某些藻类大量生长所产生的水变色现象。

藻类 低等自养植物，含叶绿素或其他辅助色素。

褶皱山 岩层被挤压在一起并向上弯曲成山。

珠母云 只有在极地才能看到的粉红色云层。

图片指南

地核，第9页

地幔，第11页

岩石地壳，第13页

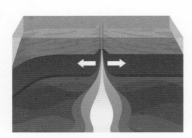

巨人之路，第14页

陨星坑，第16页

魔鬼塔，第20页

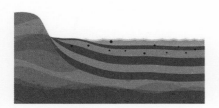

彩虹石，第23页

化石，第24页

大理岩，第26页

金属，第29页

紫水晶，第33页

金刚石，第34页

板块边界，第40页

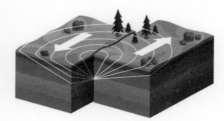

断层线，第43页

隆升的山脉，第44页

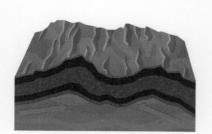

褶皱，第47页

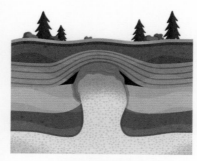

盐丘，第48页

喀拉喀托之子，第51页

火山灰，第52页

绳状熔岩，第55页

粗糙的熔岩，第56页

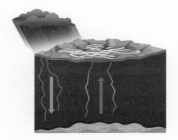

酸池，第58页

间歇泉，第61页

火山岛，第65页

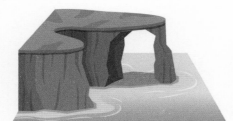

海蚀柱，第66页

雕岩，第68页

蜂窝状风化，第71页

白垩海崖，第72页

山体滑坡，第74页

雪崩，第77页

辫状河，第82页

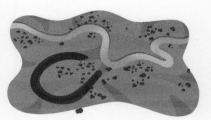

河流形态，第85页

三角洲，第87页

彩虹河，第88页

瀑布，第90页

盐湖，第92页

火山口湖，第94页

峡湾，第97页

巨型洞穴，第99页

洞穴化学淀积物，第100页

穴珠，第103页

海底"黑烟囱"，第106页

锰结核，第108页

海底软泥，第111页

波浪，第113页

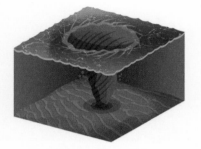

漩涡，第114页

珊瑚礁，第116页

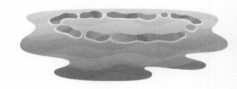

珊瑚环礁，第118页

巨藻森林，第121页

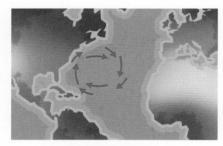

马尾藻，第122页

赤潮，第124页

雪怪，第129页

冰川，第130页

海冰，第133页

条纹冰山，第135页

蓝冰，第136页

冰洞，第139页

冰瀑布，第140页

极光，第147页

风，第148页

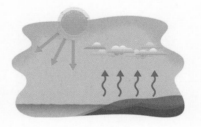

云，第151页

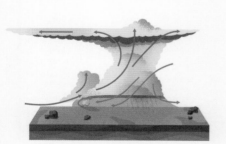

积雨云，第152页

雨，第155页

龙卷风，第156页

雾，第158页

冰雹，第161页

冰暴，第162页

雪花，第165页

彩虹，第167页

虹和日晕，第169页

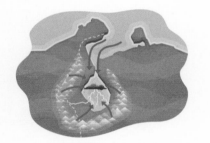

永恒风暴，第170页

泥裂，第172页

热带荒漠，第178页

寒漠，第181页

蘑菇石，第183页

砂，第184页

喀斯特，第187页

热带稀树草原，第189页

温带森林，第191页

彩虹桉，第193页

云雾林，第194页

泰加林，第197页

林木，第199页

苔原，第201页

热带湿地，第202页

红树林沼泽，第204页

水稻梯田，第206页

围垦土地，第209页

索引

图书在版编目（CIP）数据

DK 无与伦比的地球 /（英）凯莉·奥尔德肖著；
（英）丹尼尔·朗，（英）安吉拉·里扎绘；董汉文译
. -- 北京：中信出版社，2024.3（2024.7 重印）

ISBN 978-7-5217-6339-3

Ⅰ.①D… Ⅱ.①凯…②丹…③安…④董… Ⅲ.①
地球—少儿读物 Ⅳ.① P183-49

中国国家版本馆 CIP 数据核字（2024）第 060199 号

Original Title: An Anthology of Our Extraordinary Earth
Copyright © Dorling Kindersley Limited, 2023
A Penguin Random House Company
Simplified Chinese translation copyright © 2024 by CITIC Press Corporation
All Rights Reserved.

本书仅限中国大陆地区发行销售

DK 无与伦比的地球

著　　者：[英] 凯莉·奥尔德肖
绘　　者：[英] 丹尼尔·朗 [英] 安吉拉·里扎
译　　者：董汉文
出版发行：中信出版集团股份有限公司
　　　　　（北京市朝阳区东三环北路 27 号嘉铭中心　邮编　100020）
承　印　者：北京顶佳世纪印刷有限公司

开　　本：889mm×1194mm　1/16
印　　张：14.5
字　　数：365 千字
版　　次：2024 年 3 月第 1 版
印　　次：2024 年 7 月第 6 次印刷
京权图字：01-2022-0669
审　图　号：GS京（2024）0497号　本书插图系原文插图
书　　号：ISBN 978-7-5217-6339-3
定　　价：158.00 元

出　　品：中信儿童书店
策　　划：好奇岛
审校专家：董汉文
策划编辑：贾怡飞
责任编辑：房　阳
营　　销：中信童书市场部
封面设计：佟　坤
内文排版：李艳芝

版权所有·侵权必究
如有印刷、装订问题，本公司负责调换。
服务热线：400-600-8099
投稿邮箱：author@citicpub.com

混合产品
纸张 |
支持负责任林业
FSC® C018179

www.dk.com

感谢基兰·琼斯和阿比·麦克斯维尔的编辑协助；夏洛特·詹宁斯和伦敦 Bettina Myklebust Stovne 工作室的设计；卡罗琳·亨特的校对工作；海伦·彼得斯的索引工作；琳内·默里的图片库协助；丹尼尔·朗的专题插图；安吉拉·里扎的图案和封面插图；图巴·赛义德的元标记。

关于作者： 凯莉·奥尔德肖是一位地质学家和宝石学家。她写作了 15 本关于宝石的著作，也出版过包括火山、地震和海洋等关于地球科学主题的著作。她还参加电视和广播节目，是伦敦自然历史博物馆宝石的策展人。

图片来源：

出版商感谢以下组织与个人允许二次使用他们的照片：

（缩写：a–上方；b–下方/底部；c–中央；f–远处；l–左方；r–右方；t–顶部）

4 Alamy Stock Photo: Alexisaj (tl); Elizabeth Nunn (tr). **Dreamstime.com:** Baloncici (bl); Bjrn Wylezich (br). **6-7 Science Photo Library:** Gary Hincks (c). **8-9 Dreamstime.com:** PhotoChur. **10 Alamy Stock Photo:** E.R. Degginger. **12-13 Dreamstime.com:** Maciej Bledowski (b). **14-15 Getty Images / iStock:** benedek. **16-17 Science Photo Library:** Herve Conge, ISM. **18 Dorling Kindersley:** Oxford University Museum of Natural History (cl). **20-21 Shutterstock.com:** Edwin Verin. **22-23 Getty Images:** kittisun kittayacharoenpong. **24-25 Dorling Kindersley:** Royal Tyrrell Museum of Palaeontology, Alberta, Canada (cl). **26-27 Getty Images:** Sian Seabrook. **28 Dreamstime.com:** Bjrn Wylezich (b). **28-29 Dreamstime.com:** Bjrn Wylezich (tc). **29 Dreamstime.com:** Bjrn Wylezich. **30 Dorling Kindersley:** Oxford University Museum of Natural History (bl). **31 Dorling Kindersley:** Natural History Museum, London (bc). **Dreamstime.com:** Geografika (b!). **32 Dreamstime.com:** Bohuslav Jelen. **34 Dreamstime.com:** Roberto Junior (r). **35 Dreamstime.com:** Thelightwriter (l). **36 Alamy Stock Photo:** Kip Evans (tl). **AWL Images:** Guy Edwardes (tr). **Getty Images:** Monica Bertolazzi (b); Jim Sugar (tc). **41 Alamy Stock Photo:** Martin Strmiska. **42 Alamy Stock Photo:** Phil Degginger. **44-45 4Corners:** Bernd Grundmann. **46-47 Alamy Stock Photo:** Matthijs Wetterauw. **48-49 Alamy Stock Photo:** Saeed Abdolizadeh. **50-51 Shutterstock.com:** Deni_Sugandi. **53 AWL Images:** Frank Krahmer. **54-55 Getty Images:** Matt Anderson Photography. **57 Alan Cressler. 59 Alamy Stock Photo:** Zoonar / Artush Foto. **60-61 Getty Images:** Nikolay Pandev / EyeEm. **62 Alamy Stock Photo:** Vincent M / Andia (bl); LWM / NASA / LANDSAT (tl). **Robert Harding Picture Library:** Planet Observer (crb). **63 Alamy Stock Photo:** Planet Observer / Universal Images Group North America LLC (c). **Getty Images / iStock:** graphixel (br). **64 AWL Images:** Marco Bottigelli. **66-67 Dreamstime.com:** Taras Vyshnya. **68-69 Dreamstime.com:** Minnystock. **70-71 Shutterstock.com:** Fotimageon. **72-73 Getty Images / iStock:** Alphographic. **74-75 Alamy Stock Photo:** Adelheid Nothegger / imageBROKER. **76 Shutterstock.com:** Andrei Kovin. **78 Alamy Stock Photo:** Martin Strmiska (t). **AWL Images:** Frank Krahmer (cr). **Dreamstime.com:** Anna Komissarenko (br); Pniesen (bl). **82-83 Andre Ermolaev. 84-85 Alaska Region U.S. Fish & Wildlife Service:** Kristine Sowl. **86-87 Getty Images:** Planet Observer / Universal Images. **88-89 Alamy Stock Photo:** travel4pictures. **90-91 Dreamstime.com:** Catherina Unger. **92-93 Alamy Stock Photo:** Alexander Bee. **94-95 Getty Images / iStock:** JeffGoulden. **96 Getty Images / iStock:** tomch. **98 Getty Images:** Ryan H / 500px. **101 Robert Harding Picture Library:** Nick Upton. **102-103 Robert Harding Picture Library:** Ryan Deboodt. **104 123RF.com:** Chonlasub Woravichan (tc/Sea Turtle). **Alamy Stock Photo:** Brandon Cole Marine Photography (crb); MYN / Sheri Mandel / Nature Picture Library (cl). **Dreamstime.com:** Ingvars (tl); Krzysztof Odziomek (tc, tr); Harvey Stowe (cr). **naturepl.com:** David Shale (cr). **105 123RF.com:** willyambradberry (tc). **Alamy Stock Photo:** David Shale / Nature Picture Library (cr); Adisha Pramod (cb). **naturepl.com:** David Shale (br). **107 MARUM- Center for Marine Environmental Sciences, University of Bremen:** Center for Marine Environmental Sciences, University of Bremen (CC-BY 4.0). **108-109 Science Photo Library:** NOAA Office Of Ocean Exploration And Research, 2019 Southeastern Us Deep-Sea Exploration. **110 Science Photo Library:** Steve Gschmeissner. **112-113 Getty Images:** iStock: Philip Thurston. **115 Getty Images:** Ray Massey. **116-117 Getty Images / iStock:** cinoby. **118-119 Getty Images / iStock:** Zhao Liu. **120-121 Getty Images:** Douglas Klug. **122-123 Dreamstime.com:** Massimilianofinzi. **125 Science Photo Library:** Bill Bachman. **126 Alamy Stock Photo:** H. Mark Weidman Photography (bl). **Dreamstime.com:** Martyn Unsworth (c). **Science Photo Library:** Louise Murray (cl). **127 123RF.com:** Raldi Somers / gentoomultimedia (bc). **Alamy Stock Photo:** Andr Giiden (tr); RIEGER Bertrand / hemis.fr (cl). **Dreamstime.com:** Andrei Stepanov (r). **128-129 Getty Images:** David Mareuil / Anadolu Agency. **130-131 Shutterstock.com:** Nicolaj Larsen (b). **132-133 Florian Ledoux Photography. 134 Alamy Stock Photo:** Martin Harvey. **136-137 Alamy Stock Photo:** Eric Dietrich / Hedgehog House / Minden Pictures. **138 Getty Images:** coolbiere photograph. **141 AWL Images:** Tom Mackie. **142 Dreamstime.com:** Tawatchai Prakobkit (t). **Getty Images:** Martin Harvey (cr). **Getty Images / iStock:** heathernemec (br). **Science Photo Library:** Jim Reed Photography (cl). **144 Dreamstime.com:** Wisconsinart (cra). **145 123RF.com:** Leonello Calvetti (cr). **Alamy Stock Photo:** D. Hurst (cra). Photolibrary: Corbis (ca). **146 Alamy Stock Photo:** Robert Haasmann / imageBROKER. **148-149 Alamy Stock Photo:** mauritius images GmbH. **150 Alamy Stock Photo:** Per-Andre Hoffmann / Image Professionals GmbH (tr); Katho Menden (tl); Mike Grandmaison / All Canada Photos (bl). **Dreamstime.com:** Menno Van Der Haven (cl). **Getty Images:** Ozkan Bilgin / Anadolu Agency (cr). **152-153 Jim Reed Photography. 154-155 Alamy Stock Photo:** Nigel Roake. **156-157 Alamy Stock Photo:** Jason Persoff Stormdoctor / Cultura Creative Ltd. **158-159 Alamy Stock Photo:** David Wall. **160 Alamy Stock Photo:** Silvia Bragagnolo / EyeEm. **162-163 Getty Images / iStock:** carlosbezz. **164 Science Photo Library:** Kenneth Libbrecht (cl, bl, cr). **165 Science Photo Library:** Kenneth Libbrecht (tl, tr). **166 Alamy Stock Photo:** Andy Rouse / Nature Picture Library. **168 Dreamstime.com:** Chayanan Phumsukwisii (b). **Getty Images:** Martin Ruegner (c). naturepl.com: Erlend Haarberg (t). **171 Alamy Stock Photo:** Tourism Ministry / Xinhua. **172-173 Getty Images / iStock:** temizyurek. **174 Getty Images:** Timothy Allen (bc); Arturo Castaneyra (t); Tim Hester / EyeEm (ca). naturepl.com: Ugo Mellone (cb). **176 Alamy Stock Photo:** Don Johnston_ON (cb). **Dreamstime.com:** Erectus (cra); Sergey Korotkov (ca); Positivetravelart (crb). **177 Dreamstime.com:** Antonpetrus (cra); George Burba (cla); Max5128 (ca); Hel080808 (crb); Zorro12 (clb); Eugen Haag (cb). **178-179 Alamy Stock Photo:** Ernie Janes / Nature Picture Library (b). **180-181 Alamy Stock Photo:** TravelCollection / Image Professionals GmbH. **182-183 Getty Images / iStock:** cinoby. **184 Science Photo Library:** Dirk Wiersma (tl). **184-185 Dreamstime.com:** Sergey Kolesnikov (c). **185 Dreamstime.com:** µ € (tr). **Science Photo Library:** Dirk Wiersma (b). **186-187 Getty Images / iStock:** aphotostory. **188-189 Alamy Stock Photo:** Eric Baccega / naturepl.com (b). **190-191 Getty Images / iStock:** DenisTangneyJr. **192 Shutterstock.com:** gg-foto. **194-195 naturepl.com:** Nick Hawkins. **196-197 Getty Images / iStock:** Onfokus. **198 Alamy Stock Photo:** Krystyna Szulecka Photography (cr). **Getty Images:** Wolfgang Filser / EyeEm (br); Louise Docker Sydney Australia (tl); Gado Images (tr); Arterra / Universal Images Group (cl); Jordan Lye (bl). **200-201 Dreamstime.com:** Vladimir Melnik. **202-203 Getty Images:** Natphotos. **204-205 Alamy Stock Photo:** Kevin Schafer / Minden Pictures. **206-207 Dreamstime.com:** Rodrigolab. **208 Alamy Stock Photo:** frans lemmens

Cover images: *Front:* **Alamy Stock Photo:** Thomas Marent / Minden Pictures cla; **Dorling Kindersley:** Natural History Museum, London crb; **Dreamstime.com:** Olga Khoroshunova cra, Monkeygreen cr, Rumos tc; **Getty Images / iStock:** cinoby bl; **Science Photo Library:** Steve Gschmeissner ca

All other images © Dorling Kindersley. For further information see: www.dkimages.com